Ueber

Anstalts- und Hauskläranlagen.

Ein Beitrag

zur

Abwasserbeseitigungsfrage.

Ueber

Anstalts- und Hauskläranlagen.

Ein Beitrag

zur

Abwasserbeseitigungsfrage.

Von

Prof. Dr. **K. Thumm,**

Abteilungsvorsteher an der Königlichen Versuchs- und Prüfungsanstalt
für Wasserversorgung und Abwässerbeseitigung in Berlin.

Zweite vermehrte Auflage.

Mit 61 Abbildungen im Text.

Springer-Verlag Berlin Heidelberg GmbH
1913

ISBN 978-3-662-34185-8 ISBN 978-3-662-34455-2 (eBook)
DOI 10.1007/978-3-662-34455-2

Vorwort zur zweiten Auflage.

Ueber die Beseitigung der in Anstalten und in Einzelgebäuden anfallenden Abwässer hat Verfasser im Sommer 1911 auf der VIII. Versammlung der Tuberkuloseärzte in Dresden Bericht erstattet und die gemachten Ausführungen, einer Anregung des Herrn Geh. Ob.-Med.-Rats Dr. Abel folgend, einer umfangreicheren Bearbeitung unterzogen. Die vorliegende, in etwa einem Jahre notwendig gewordene Neuauflage ist in den einzelnen Kapiteln abermals erweitert, ferner durch ein Verzeichnis und eine kurze Charakterisierung verschiedener Abwasserreinigungsverfahren und durch ein Sach- und Namenregister wesentlich ergänzt und verbessert worden. Wie bei der ersten Auflage wurde auch diesmal Wert darauf gelegt, einmal einen Ueberblick zu geben über das weitverzweigte Gebiet der Abwasserbeseitigung, und dann im besonderen solche Dinge zu besprechen, die in der Praxis zu Schwierigkeiten geführt haben. Auf technische Details, die ausserhalb des Rahmens der vorliegenden Bearbeitung liegen, wurde dabei naturgemäss nicht weiter eingegangen. Bei der Anfertigung einiger Zeichnungen wurde Verfasser von Herrn Bauinspektor Dr.-Ing. Reichle in wertvoller Weise unterstützt.

Berlin, im Dezember 1912.

Thumm.

Inhaltsübersicht.

I. Allgemeines.

Die ordnungsgemässe Beseitigung der in Krankenanstalten, Genesungs- und Erholungsheimen, in einzelnen Wohngebäuden, Landhäusern und dergleichen anfallenden Abwässer spielt seit vielen Jahren eine wichtige Rolle in der Frage der Abwasserbehandlung. Das Vorhandensein moderner Bade- und Aborteinrichtungen, die im Verhältnis zur Kopfzahl im Einzelfalle oft recht beträchtlichen Schmutzwassermengen, mit dem Anstaltsbetriebe oft verbundene Waschanstalten drängten frühzeitig zu einer bequemen Ableitung und geordneten Beseitigung der Abwässer, und zahlreiche Einzelkläranlagen entstanden, oft ehe das gewählte Reinigungsverfahren nach allen Richtungen hin erprobt werden konnte. Manche Misserfolge waren neben schönen Ergebnissen die unausbleibliche Folge. Sie waren aber nicht umsonst zu verzeichnen. Wertvolle Fingerzeige für den Bau und den Betrieb von Abwasserreinigungsanlagen wurden gewonnen, und wenn wir heute sagen können, dass uns die einzelnen Reinigungsverfahren hinsichtlich der Art ihrer Durchbildung und der Grenzen ihrer Leistungsfähigkeit bekannt sind, so verdanken wir dieses nicht zum geringsten Teile den an „Haus- und Anstaltskläranlagen" gemachten Erfahrungen, die die Abwasserwissenschaft nicht nur an sich bereichert, sondern auch wertvolle Grundlagen für die Errichtung von Anlagen für die Behandlung der Abwässer ganzer Städte gegeben haben.

Aber ungenügende Kenntnis der Leistungsfähigkeit des gewählten Reinigungsverfahrens war nicht die alleinige Ursache der beobachteten Misserfolge. Die Unterschätzung der bei kleineren Anlagen bestehenden Schwierigkeiten, also die mangelnde Erkenntnis, dass die Errichtung und der Betrieb kleiner Anlagen mindestens ebenso schwierig sind, wie die der grossen Anlagen, kam noch dazu, ferner als weiteres Moment ein beklagenswertes Schematisieren bei der Anwendung der Reinigungsverfahren, also die Wahl des Verfahrens dem Namen nach und ohne genügende Berücksichtigung der im einzelnen Falle bestehenden besonderen Verhältnisse.

Ueberblickt man heute das Gesamtgebiet der Abwasserreinigung, so lässt sich sagen, dass die zweckmässigste Art der Durchbildung der einzelnen Reinigungsverfahren und die vorteilhafteste Art ihres Betriebes mit praktisch ausreichender Sicherheit im allgemeinen zwar bekannt sind, dass aber die Gefahr des Schematisierens zurzeit fast noch in gleichem Masse besteht wie früher, und dass die Hauptschwierigkeit bei der sachgemässen Lösung der Abwasserbeseitigungsfrage im einzelnen Falle vorwiegend in der Ueberwindung dieses einen Punktes gelegen ist. Die Verfahren als solche sind also bekannt; sie richtig anzuwenden, ist die jeweils zu lösende Aufgabe, da man nur dann vor Misserfolgen sicher und auch imstande ist, mit Aufwendung der geringsten Mittel den im besonderen Falle erstrebten Reinigungserfolg sicher zu erzielen.

Der Wichtigkeit des Gegenstandes entsprechend ist die Frage der Beseitigung der Schmutzwässer aus Anstalten und Einzelgebäuden[1]) des öfteren eingehend behandelt worden. Roth und Bertschinger (73), sowie Cal-

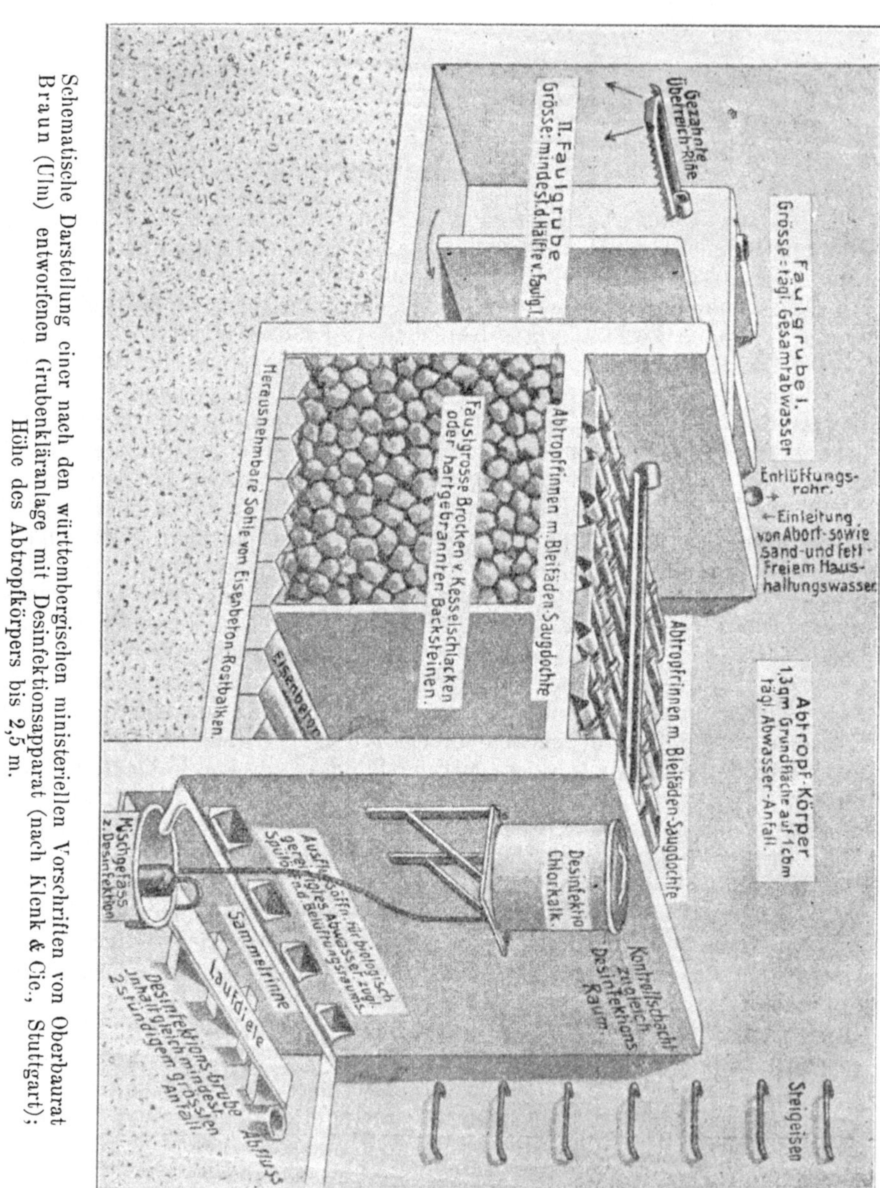

Abbildung 1.

Schematische Darstellung einer nach den württembergischen ministeriellen Vorschriften von Oberbaurat Braun (Ulm) entworfenen Grubenkläranlage mit Desinfektionsapparat (nach Klenk & Cie., Stuttgart); Höhe des Abtropfkörpers bis 2,5 m.

mette (14) lieferten z. B. wertvolle Beiträge zur Frage der Hauskläranlagen. Fowler (21) und Lübbert (47) besprachen in schönen Zusammenstellungen

1) Im Nachstehenden soll der Einfachheit halber kurz nur von Anstalten bzw. von Einzelkläranlagen gesprochen werden.

die in Frage kommenden Reinigungsmethoden unter Hinweis auf die dabei zu beachtenden besonderen Gesichtspunkte. Die Frage der Einzelkläranlagen behandelt eingehend ein ministerieller Erlass in Württemberg (vgl. dazu Abb. 1, ferner Literaturhinweis 94), und Spät (83) und kürzlich Marussig (51) berichteten über ihre an Hauskläranlagen gemachten Erfahrungen und besprachen dabei besonders das künstliche biologische Reinigungsverfahren.

In der vorliegenden Arbeit sollen an erster Stelle die Grundlagen besprochen werden, die bei der Errichtung von Einzelkläranlagen Berücksichtigung zu finden haben. Die Punkte, die in der Praxis zu Schwierigkeiten geführt haben und die deshalb z. B. vor der Wahl eines Platzes für die Errichtung einer Anstalt, einer Schule oder eines Hotels beachtet werden müssen, sollen dabei besonders hervorgehoben werden. Dem vorliegenden Zwecke entsprechend wird dabei aber nicht nur die Frage der Abwasserreinigung, sondern auch diejenige der Abwasserdesinfektion behandelt. Beide Fragen gehören nämlich hier zusammen, beide bedürfen gleichmässiger Beachtung, da nur dann vollwertige, allen Anforderungen Rechnung tragende Anlagen geschaffen werden können.

Die in der vorliegenden Arbeit über die Einzelkläranlagen gemachten Ausführungen haben an erster Stelle für die Beseitigung kleinerer Abwassermengen Gültigkeit. Ohne weiteres übertragbar sind sie natürlich aber auch auf etwas größere Abwassermengen, also auf die Abwasserbeseitigung z. B. von Barackenlagern, von Landgemeinden und von kleineren Stadtgemeinden.

II. Die Art und die Menge der Abwässer und der reinen Wässer.

In Anstalten und in Einzelgebäuden können als flüssige und feste Abfallstoffe einmal Abgänge aus den Klosetts, dann Spül-, Scheuer-, Küchen- und Badewässer entstehen, die in ihrer Gesamtheit in den Begriff häusliche Abwässer zusammengefasst werden. Zu diesen Wässern kommen dann gewöhnlich entweder einmal oder auch mehrmals wöchentlich seifenhaltige Wäschereiabwässer, die den häuslichen Charakter der erstgenannten Wässer im Einzelfalle zu beeinflussen und des öfteren sogar völlig zu verwischen vermögen. Sind mit Anstalten landwirtschaftliche Betriebe, z. B. eine Viehhaltung verbunden, so entstehen weitere Mengen, und zwar jaucheartiger, stark fäulnisfähiger Abwässer. Besitzt eine Anstalt Kraftgasanlagen oder ähnliche technische Betriebe, so entstehen Scrubberwässer, die u. a. Rhodan- und Cyanverbindungen, ferner Ammoniak und Schwefelwasserstoff enthalten. Beim Vorhandensein einer Enteisenungsanlage entstehen grosse Mengen Eisenschlamm enthaltende Spülwässer. Findet sich in einer Anstalt eine Infektionsabteilung, so können entweder dauernd oder gelegentlich Abwässer zu beseitigen sein, die reichliche Mengen von Desinfizientien mit sich führen. Das Gleiche gilt auch für die Abwässer von Hospitälern, von Lungenheilstätten und von ähnlichen Anstalten, in denen Desinfektionsmittel in grösserer oder geringerer Menge enthalten sein können.

Die in Einzelkläranlagen zu behandelnden Abwässer sind also keineswegs immer rein häusliche, der landläufigen Ansicht nach leicht zu reinigende Abwässer; sie zeigen vielmehr, schon ihrer Herkunft nach beurteilt, im Einzelfalle oft grosse Verschiedenheiten, denen bei der Lösung der Abwasserfrage, sofern man sich vor Misserfolgen schützen will, weitgehendste Berücksichtigung zu schenken ist.

Die Menge der anfallenden Abwässer ist im Einzelfalle aber ebenso wechselnd wie die Art des Abwassers selbst; sie wird durch die Höhe des Wasserbedarfs bestimmt und schwankt wie dieser naturgemäss in weiten Grenzen.

Unter Zugrundelegung der Vorschläge einer im Jahre 1884 vom Deutschen Verein der Gas- und Wasserfachmänner niedergesetzten Kommission können für die Höhe des Wasserbedarfes und für die Menge der zu beseitigenden Abwässer im grossen Durchschnitt ungefähr folgende Werte in Ansatz gebracht werden (vgl. 2 und 66):

I. Beim Privatgebrauch (in einzelnen Wohn- und Landhäusern):

Gebrauchswasser pro Kopf und Tag zum Trinken, Kochen, Reinigen u. dergl. 20—30 l;

Wasser zur einmaligen Klosettspülung 5—10 l;

Wasser für ein Wannenbad 200—300 l, für ein Wannenbad mit Brause 250—350 l;

Wasser für ein Brausebad 30—40 l;

Abwassermenge im Durchschnitt pro Kopf und Tag 80—120—150 l[1]);

Fäkalien pro Kopf und Tag: ca. 90 g Kot und 1200 g Urin = rund $1\frac{1}{2}$ l[2]). Bezüglich ihrer Zusammensetzung vgl. die Tabelle 1, der die Rubnerschen Werte[3]) zugrunde gelegt worden sind.

Tabelle 1.

	Auf den Kopf und Tag in g						
	Gesamt-menge	Glühverlust (organisch)			Stickstoff		
		Gesamt-menge	in Wasser löslich	in Wasser unlöslich	Gesamt-menge	in Wasser löslich	in Wasser unlöslich
Trockener Kot . .	23,7	21,8	2,8	19	1,74	0,41	1,33
Trockener Harn .	30,5	17,1	17,1	—	1,6	1,60	—
Trockener Kot und Harn insgesamt .	54,2	38,9	19,9	19	3,34	2,01	1,33

II. In Anstalten, Schulen, Kasernen u. dergl.:

Wasserbedarf in Anstalten[4]) insgesamt 150—200—500 l pro Kopf und Tag;

Wasserbedarf in Anstalten im einzelnen:

für die Wäsche 40—60—80 l für jedes Kilogramm,
für ein Stück Grossvieh 50—60 l,
für ein Stück Kleinvieh 10—20 l,
für die PS-Stunde 9 l Scrubberwasser,

1) Der württembergische Ministerialerlass (94) rechnet pro Kopf und Tag mit 20 l Abortabgängen und mit 100 l für Küche, Reinigung und Bad, also mit insgesamt 120 l.

2) Bei Kindern bis zum 5. Jahre beträgt die Menge der täglichen Gesamtausscheidungen nach Vogel rd. 0,6 l, und bei Kindern vom 5. bis zum 19. Lebensjahre rd. 1 l. In Schulen wird die in Rechnung zu stellende Kotmenge am besten aber ebenso hoch angesetzt wie bei Erwachsenen.

3) Das städtische Sielwasser und seine Beziehungen zur Flussverunreinigung. Arch. f. Hyg. 1903. Bd. 46. H. 1.

4) Für Heilstätten rechnet Proskauer (65) mit 200 l pro Bett und Fraenkel (23) mit 350 l für 1 Kranken und mit 120 l pro Kopf des Personals.

für 1 cbm Gas bei Gaskraftmaschinen 40—60 l Kühlwasser, für Wagenreinigung pro Tag 200 l;

Abwassermenge in Anstalten im Durchschnitt pro Kopf und Tag 150—200 l, in Irrenanstalten 300 l;

Exkremente für 1 Stück Grossvieh ca. 0,04 cbm täglich inkl. Streu[1]);

Exkremente für 1 Stück Kleinvieh ungefähr proportional seinem Körpergewicht weniger;

Wasserbedarf in Schulen[2]) für den Schüler und Schultag 2 l;

Wasserbedarf in Kasernen pro Mann und Tag 35—40 l;

Wasserbedarf in Gasthöfen pro Person und Verpflegungstag 100 l;

Abwassermenge in Schulen, Kasernen und Gasthöfen etwa in der Höhe des Wasserbedarfs.

III. Wasserbedarf in kleineren Gemeinden und für Gemeindezwecke:

Wasserbedarf auf dem Lande pro Kopf und Tag 45—50 l;

Wasserbedarf in Städten bis 5000 Einwohner pro Kopf und Tag 50—60 l;

Pissoirspülung pro Stand und Stunde 60—200 l;

Wasserverbrauch bei Massenklosetts pro Sitz und Spülung etwa 25 l.

Zu vorstehender Zusammenstellung ist im einzelnen noch folgendes zu bemerken. Nach einer ministeriellen, in Preussen geltenden Bestimmung soll bei der Anlage von Krankenanstalten für jedes Krankenbett mit wenigstens 200 l Wasser täglich gerechnet werden (1). Ein grosser Teil des in Anstalten benutzten Wassers findet zum Gartensprengen, zu Kesselspeisezwecken usw. Verwendung. Unter Umständen darf deshalb nur ein gewisser Bruchteil der Gesamtwasserbedarfsmenge als Abwasser in Ansatz gebracht werden.

Der Wäschebedarf (66) beträgt in Krankenhäusern etwa 8—12 kg, in Pflegeanstalten 5—6 kg und in Kasernen etwa 1—2 kg pro Kopf und Woche.

Bei Abortanlagen ist in Schulen für 40 Knaben ungefähr ein Sitz und 1—2 Pissoirstände, bei Mädchen für je 25 ein Sitz vorzusehen. In Kasernen rechnet man für 20 Mann 1 Sitz. In Fabriken wird für je 25 Männer oder für je 20 Frauen ein Sitz eingerichtet. In einer 10 sitzigen Fabrikanlage für Männer, die demnach im Höchstfalle von 250 Personen benutzt wird und die Tag und Nacht im Gebrauche ist, entstehen also bei $1^1/_2$ stündiger automatischer Spülung mit je 250 l Wasser in 24 Stunden rund $4^1/_4$ cbm Abwasser, das sind rund 17 l Abwasser pro Kopf und Tag.

Die in Anstalten anfallenden Abwässer enthalten ungelöste und sogenannte gelöste Stoffe in grösserer oder geringerer Menge; sie sind meistens stark fäulnisfähig, so dass die Wässer, in geschlossener Flasche bei Zimmertemperatur aufbewahrt, in 1—2 Tagen übelriechend werden, und Schwefelwasserstoffbildung bei ihnen zu beobachten ist. Die Abwässer enthalten öfters auch Gifte, und zwar entweder an sich schon wie die Scrubberwässer (Cyan- und Phenolverbindungen) oder dadurch, dass sie die in den Operationssälen der Krankenhäuser benutzten Desinfizientien (Phenolverbindungen, Sublimat) oder die bei einer am Krankenbette oder in besonderer Anlage (siehe Kapitel IV) ausgeführten Desinfektion benötigten Gifte (wie Kresol, Sublimat, Kalk, Chlorkalk) mit sich führen. Desinfektionsmittel und Gifte vermögen das Eintreten

1) Nach v. Esmarch, Hygienisches Taschenbuch. Springer-Berlin.

2) Beim Vorhandensein von Brausebädern, ferner bei Internaten ist der Wasserbedarf ein entsprechend höherer.

der Fäulnis der Abwässer zu verzögern, ebenso aber auch Wäschereiabwässer, sofern sie in grösserer Menge den häuslichen Abwässern beigemischt sind. Bei der Anstellung der Fäulnisprobe für die Beurteilung der Beschaffenheit eines Abwassers (s. S. 52) ist deshalb auf diesen Punkt besonders zu achten.

Die Abwässer, die in Landhäusern, in Anstalten und in kleineren Gemeinden beseitigt werden müssen, sind bei sachgemässer Art der Ableitung frisch[1]): Sie riechen im allgemeinen verhältnismässig nur wenig und sind auf jeden Fall frei von Schwefelwasserstoff. Gasförmiger Sauerstoff fehlt typischen frischen Abwässern stets, und organischer Stickstoff ist in solchen Wässern verhältnismässig reichlich enthalten. Frische normale Abwässer sind im übrigen frei von Nitraten und von (schwarzem) Schwefeleisen.

Die Konzentration dieser Abwässer wird an der Hand verschiedener analytischer Ermittelungen beurteilt. Die nachstehende Tabelle 2 gibt hierüber die wesentlichsten Anhaltspunkte.

Tabelle 2.

	Suspendierte Stoffe Gesamtmenge mg/l	Im filtrierten Wasser ermittelt mg/l				
		Abdampfrückstand Gesamtmenge	Chlor	Ammoniakstickstoff	Organ. Stickstoff	Kaliumpermanganatverbrauch
Dünne Abwässer	bis 500	bis 500	bis 100	bis 30	bis 10	bis 200
Abwässer von mittlerer Konzentration . . .	bis 1000	bis 1000	bis 150	bis 50	bis 30	bis 300
Konzentrierte Abwässer .	über 1000	über 1000	über 150	über 50	über 30	über 300

Dem erheblichen Wasserverbrauch entsprechend ist das Gesamtabwasser in Anstalten im Durchschnitt meistens von etwa mittlerer Konzentration. In Schulen, in Kasernen, bei Massenklosettanlagen und in kleineren Gemeinden können dagegen die anfallenden Abwässer oft eine ganz erhebliche Konzentration aufweisen. Diese kann bei Fäkalwässern (vgl. das auf S. 5 gebrachte Beispiel) so bedeutend sein, dass man die Wässer vorher mit reinem Wasser verdünnen muss, falls diese erfolgreich durch das künstliche biologische Verfahren behandelt werden sollen.

Der Abwasseranfall ist im übrigen in den verschiedenen Tagesstunden und an den einzelnen Tagen der Woche in vielen Fällen ein ausserordentlich wechselnder. So kommen manche Abwasserarten, wie z. B. die Wäschereiabwässer, in der Regel nur an bestimmten Tagen in Frage. In grossen Anstalten wird meistens nur in den drei ersten Tagen der Woche gewaschen und entstehen alsdann auch Abwässer, während diese an den drei letzten Wochentagen, an denen die Wäsche fertig gemacht wird, völlig wieder fehlen. In

1) Fauliges Abwasser enthält unangenehm riechende Stoffe oder Schwefelwasserstoff. Das Wasser ist sauerstoff- und nitratfrei. Der organische Stickstoff ist durch die bei dem Faulprozesse sich abspielenden Vorgänge weitgehend vermindert worden, und das Ammoniak hat dafür zugenommen. Schwefeleisen ist reichlich vorhanden. Dem bei dem Faulprozesse unter Luftabschluss, also durch Reduktionsvorgänge bewirkten Abbau der organischen Substanzen, stehen die unter Luftzutritt sich abspielenden Oxydationsvorgänge, die im gewöhnlichen Leben häufig als Verwesung bezeichnet werden, gegenüber. Diese Vorgänge, die ebenfalls den Abbau der organischen Stoffe zur Folge haben, bewirken deren Mineralisierung. Uebelriechende Verbindungen entstehen dabei nicht, und der Stickstoff erscheint in der Form von Nitraten. Durch Oxydationsvorgänge gereinigtes Abwasser enthält vielfach sogar freien Sauerstoff. (Vgl. dazu im übrigen S. 36 und S. 52.)

Schulen ist ein Abwasseranfall gleichfalls nur zu bestimmten Tagesstunden vorhanden; in der übrigen Zeit, ferner in den Ferien kommen Abwässer wieder so gut wie nicht in Betracht.

In Einzelwohnhäusern kann der Abwasseranfall ausser durch Wäschereiabwässer in weitgehendster Weise auch durch Badewässer beeinflusst werden.

Der grosse Wechsel in der Art und in der Menge des Abwasseranfalles ist eine besondere Schwierigkeit bei der Beseitigung der in Anstalten oder in Einzelwohnungen entstehenden Abwässer. Bei der Anlage der Abwasserreinigungsanlagen, die in solchen Fällen zu genügend grossen Aufspeicherräumen, aus denen durch Drosselung des Schiebers (vgl. Abb. 5) oder durch entsprechend eng gewählte Abflussleitung (vgl. z. B. Abb. 7 oder 8) das Abwasser dann gleichmässig ausfliessen kann, auszubauen sind, muss diesem Punkte deshalb eingehende Beachtung geschenkt werden, und seine Nichtberücksichtigung kann z. B. bei künstlichen biologischen Anlagen, auch wenn diese vollständig richtig erbaut und genügend gross angelegt worden sind, das völlige Versagen derselben zur Folge haben.

Wichtig und hier weiter hervorzuheben ist der Umstand, dass praktisch gesprochen zwischen häuslichen Brauchwässern einerseits und zwischen Klosettwässern andererseits in hygienischer Beziehung Unterschiede nicht bestehen; beide Abwasserarten enthalten fäulnisfähige Verbindungen und unter Umständen Krankheitskeime. Handelt es sich in einem Einzelfalle um die Beseitigung dieser Wässer, so sind deshalb beide Abwasserarten einer Behandlung zu unterziehen, und es ist durch nichts gerechtfertigt, wenn man z. B. nur die eine Abwasserart, z. B. die Klosettwässer, weitgehend reinigt, während man die anderen Abwässer, die Hausabwässer, unbehandelt weglaufen lässt.

Ausser den Schmutzwässern sind in Anstalten und in Einzelgebäuden auch noch reine Wässer ordnungsmässig zu beseitigen. Hier sind an erster Stelle die Regenwässer[1]) zu nennen, die oft in ganz bedeutenden Mengen anfallen. Bezüglich der Berechnung[2]) der gegebenen Falles in Betracht zu ziehenden Abflussmengen im Verhältnis zur Gesamtregenmenge eines Ortes vgl. (77). In bezug auf die maximale Regenmenge sei hier erwähnt, dass in Deutschland unter gewöhnlichen Verhältnissen mit einer Regenhöhe von 45 mm pro Stunde, also mit 125 l pro ha und Sekunde zu rechnen ist.

Weitere Reinwassermengen, und zwar reine Kühlwässer entstehen beim Vorhandensein von Gaskraftmaschinen. Im Einzelfalle können hierbei ganz beträchtliche Mengen anfallen, und etwa 40—60 l Wasser sind für jedes Kubikmeter verbrauchtes Gas in Ansatz zu bringen.

In Fabrikbetrieben entstehen oft sehr grosse Mengen von reinen oder oft nur Oele enthaltenden Kondenswässern. Diese können im Einzelfalle unter Umständen zur Verdünnung der nur mechanisch gereinigten Abort-Abwässer herangezogen werden, so dass eine weitergehendere Reinigung der Schmutzwässer, z. B. durch ein künstliches biologisches Verfahren, gegebenen Falles sich erübrigt.

Bei einer Drainierung des Untergrundes einer Anstalt kommen öfters reichliche Drainwassermengen in Betracht, die zu beseitigen sind; auch Spring-

---

1) Die Regenwässer, die z. B. auf schmutzige Höfe niedergehen, sind natürlich keine reinen Wässer; sie sind Abwässer und auch als solche zu beseitigen.

2) Vgl. hierüber sowie über andere technische Berechnungen die praktischen Tabellen von K. Imhoff in seinem Taschenbuch für Kanalisations-Ingenieure. 2. Aufl. München und Berlin. Verlag R. Oldenbourg.

brunnen liefern reine, aber trotzdem zu beseitigende Abflüsse, ferner noch andere hier nicht weiter zu erwähnende Einzeleinrichtungen.

Fehler in der Beseitigung dieser reinen Wässer sind in der Praxis vielfach zu verzeichnen. Auf diesen Punkt soll später deshalb noch besonders eingegangen werden.

III. Die Ableitung der Wässer.

Die tunlichst sofortige Entfernung sämtlicher auf einem Einzelgrundstück oder auf Anstaltsgrundstücken anfallenden festen und flüssigen Abfallstoffe aus dem Bereiche der Wohnungen gilt als oberster, hier in Berücksichtigung zu ziehender hygienischer Grundsatz. Derselbe gilt für die sämtlichen in Kapitel II angeführten Abwasserarten in gleicher Weise, wobei man die festen und flüssigen Abgänge, die Fäkalien und die gewerblichen Abwässer, so, wie sie entstehen, sofort auch wieder ableitet, ohne sie also an dem Ort ihres Anfalls anzusammeln oder irgendwie weiter zu behandeln, und es wird von diesem Grundsatz nur dann Abstand genommen, wenn dies entweder mit Rücksicht auf die Entwässerungsanlage oder in Hinsicht auf die Reinigung der Abflüsse oder endlich auch mit Rücksicht auf den Vorfluter, dem die behandelten Wässer zugeführt werden sollen, erforderlich erscheint.

So ist z. B. für zahlreiche häusliche und gewerbliche Abwässer, wie für Küchenwässer und für die Wäschereiabwässer grösserer Anstalten, die grosse Mengen von Fettstoffen enthalten, eine vorherige Ansammlung bzw. Behandlung dieser Wässer geboten, da die Kanäle sich sonst nach und nach zusetzen würden, und ihr Betrieb dadurch gestört würde.

Eine Aufspeicherung und Vorbehandlung von Abwässern kann aber auch mit Rücksicht auf die Reinigungsanlage, so z. B. bei Abwässern, die in Viehställen anfallen, in Frage kommen. Diese Wässer sind nämlich ganz ausserordentlich konzentriert; sie enthalten oft viel Streu, Torfmull, Sägemehl und ähnliche feste Bestandteile, so dass man sie richtiger als Schlammstoffe statt als Abwasser bezeichnet. Würde man nun solche „Wässer" künstlichen biologischen Anlagen oder einer Kohlebreianlage ohne weiteres zuführen, so würde ein Versagen dieser Einrichtungen mit ziemlicher Sicherheit zu erwarten sein. Eine glatte Ableitung der Abwässer, so wünschenswert diese an sich auch sein mag, ist hier also mit Rücksicht auf die gute Wirkung der Reinigungsanlage nicht immer möglich.

Dasselbe gilt endlich auch für Abwässer, die Krankheitserreger enthalten; diese müssen mit Desinfizientien behandelt werden, ehe man die Abwässer zur Ableitung bringen kann. Künstliche, durchgreifend wirkende Reinigungsverfahren leisten zwar hinsichtlich der Entfernung der Schlammstoffe und der fäulnisfähigen Stoffe Befriedigendes. In bezug auf die Ausscheidung von Krankheitserregern ist ihre Wirkung aber nur selten eine ausreichende, so dass am sichersten durch entsprechende Vorbehandlung (Desinfektion) der fraglichen Wässer die Vorflut vor Krankheitskeimen praktisch sicher geschützt werden kann.

Die Ableitung gestaltet sich im allgemeinen nun am einfachsten, wenn sämtliche Schmutzwässer und auch die reinen Wässer in ein nach dem Schwemmsystem, d. h. entweder nach dem Mischsystem oder nach dem Trennsystem entwässerndes städtisches Leitungsnetz mit anschliessender zentraler Reinigungsanlage aufgenommen werden können. In solchen Fällen sind, wie eben angeführt worden ist, die Küchenwässer und auch grössere Mengen Wäschereiabwässer durch mit Kühlflächen versehene, gusseiserne oder gemauerte Fettfänger (33) vor ihrer Ableitung zu entfetten (vgl. Abb. 2, 3 und 4), die die Infektionserreger enthaltenden Abgänge sind vorher zu desinfizieren (vgl. Kapitel IV), alle übrigen Abwässer und auch die reinen

Abbildung 2.

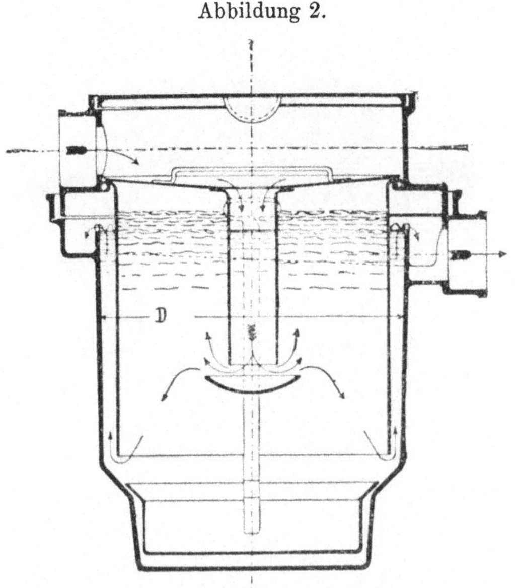

Fettfänger System Kremer für Küchen, Restaurationen, Metzgereien mit fett- und seifenhaltigen Abwässern. Oberteil, also Zulaufstutzen, allseitig drehbar. Fettfänger mit Schlammeimer.

Abbildung 3.

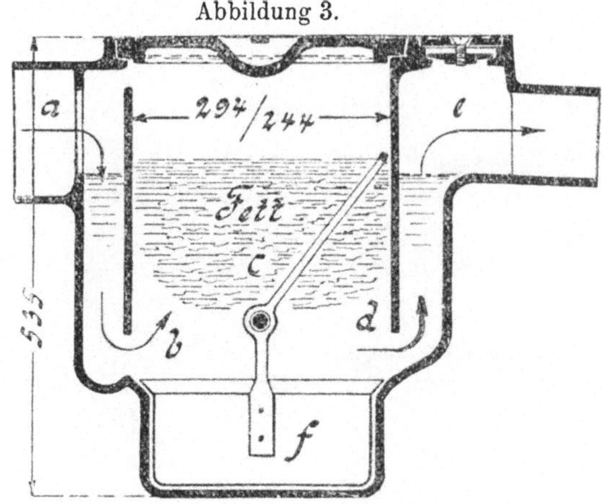

Fettfänger System Heyd für kleine und mittlere Betriebe, sowie für Hauskanalisationen. Fettfänger auf dem Kremerprinzip beruhend mit seitlichem Abwassereinlauf. *a* = Zulauf; *b* = Eintritt des Wassers in den Fettsammelraum *c*; *d* = Umlaufkante für das behandelte Abwasser; *e* = Auslauf; *f* = Schlammeimer.

Wässer können aber so, wie sie anfallen, sofort auch wieder zur Ableitung gebracht werden, wobei nur die für Hausentwässerungsanlagen allgemein gültigen Gesichtspunkte hinsichtlich der Geruchsverschlüsse usw. (vgl. 77, S. 180) Beachtung zu finden haben.

Nicht so einfach gestaltet sich die Frage der Beseitigung der Schmutzwässer, wenn für deren Ableitung zwar ein städtisches Kanalnetz zur Verfügung steht, dieses aber nach modernen Grundsätzen nicht angelegt ist, und wenn für den am Ende des Leitungsnetzes austretenden

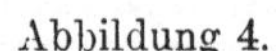
Abbildung 4.

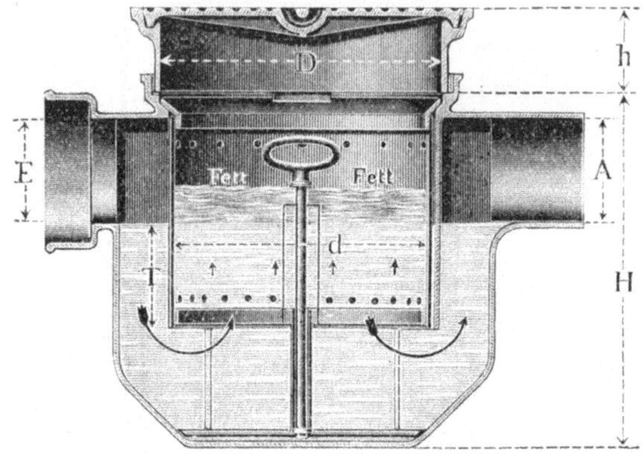

Fettfang System Geiger (Modell 1912); Fettfänger ohne Schlammabsitzraum.

Abbildung 5.

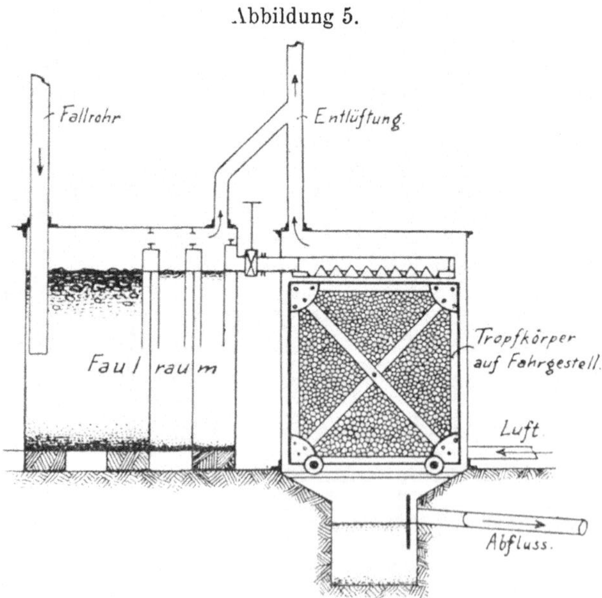

Schema einer biologischen Hauskläranlage nach Reichle.

Kanalinhalt eine Kläranlage nicht vorhanden ist. In solchen Fällen können nach den ortsüblichen Vorschriften zwar meistens alle häuslichen Abwässer im weiteren Sinne, desgleichen auch die Regenwässer durch Ableitung beseitigt werden, nicht aber auch die Fäkalstoffe bzw. die durch Spülwasser verdünnten, und deshalb durch Abfuhr nicht mehr zu beseitigenden Abfallstoffe, da diese u. a. die Kanäle und die Vorflut verschlammen und deshalb zu Misständen Veranlassung geben können.

Diese seit Einführung des Spülklosetts bestehenden Schwierigkeiten suchen die unter dem Namen „Hauskläranlagen" gehenden Einrichtungen (Abb. 5) zu beheben. Diese erstreben entweder die Reinigung der Fäkalwässer allein oder diejenige der gesamten häuslichen Abwässer und wollen die Einleitung der

Abbildung 6.

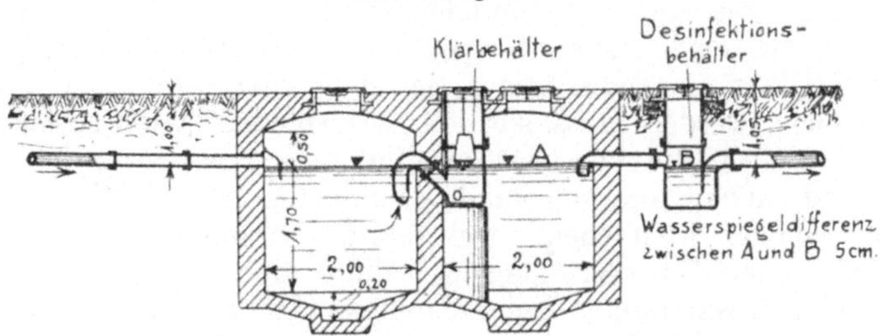

Mit chemischen Zuschlägen arbeitende Hauskläranlage System Brix.

Abbildung 7.

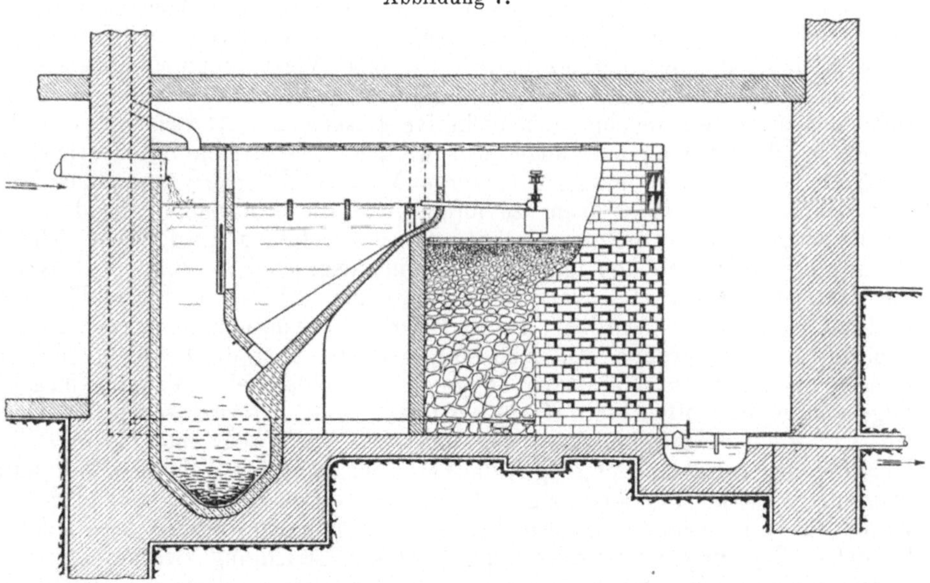

Biologische Hauskläranlage System Neustadt a. d. Hardt für 50 Personen. 1 : 75. Absitzraum mit vorgeschaltetem Schlammraum, dahinter Tropfkörper mit Drehsprengerverteilung und Nachklärbecken.

Fäkalien in die Kanäle möglich machen, ohne dass sonst etwas geändert wird. Hier soll also eine Vorbehandlung entweder der gesamten Abwässer oder nur eines Teiles der Abwässer Platz greifen und zwar einmal mit Rücksicht auf den baulichen Zustand der Kanäle, sodann aber auch in Hinsicht auf das Fehlen einer zentralen Kläranlage.

Die Zahl der Systeme von Hauskläranlagen, die der erwähnten Aufgabe gerecht zu werden erstreben, ist eine ganz ausserordentlich grosse. Man hat teils mehrteilige Faulanlagen, die oft das Dreissigfache des Tagesquantums an Abwasser zu fassen vermögen (vgl. Abb. 26), teils hat man mit chemischen Zuschlägen arbeitende Klärgruben (vgl. Abb. 6), teils künstliche biologische Anlagen und alsdann meistens Tropfkörperanlagen (vgl. Abb. 7). Alle oder auch nur die wichtigeren Systeme hier aufzuführen oder gar zu beschreiben, würde zu weit führen; einige haben aber dafür auf Seite 69 bis 80 Aufnahme gefunden. Unter Hinweis auf diese Stellen und ferner auf Kapitel V sei hier aber erwähnt, dass gegen manche Systeme als solche Bedenken nicht zu erheben sind. Sie sind gut durchdachte (vgl. z. B. Abb. 7), auf praktischer Erfahrung sich stützende Einrichtungen, die, wenn ihre einzelnen Teile so angeordnet sind, dass ein selbsttätiger Betrieb sichergestellt ist, und wenn sie so gross angelegt werden, dass sie den wechselnden Abwassermengen gerecht zu werden vermögen, die Abwässer zweifellos zu reinigen und die Kanäle von ungelösten und auch von sogenannten gelösten Abwasserbestandteilen bald mehr, bald weniger weitgehend freizuhalten vermögen. Die Reinigung der Abwässer in solchen Hauskläranlagen bedingt andererseits aber ein Zurückhalten, also eine Ansammlung von Schmutzstoffen in dem Bereiche der Wohnstätten. Die hygienischen Vorteile einer geordneten Kanalisation werden durch derartige Einrichtungen naturgemäss nicht erlangt. Auch wird der Vorfluter, da der Bruchteil an gereinigtem Abwasser gegenüber den grossen Mengen ungereinigten, in den Kanälen ausserdem noch vorhandenen Abwassers zu unbedeutend ist, um bei diesem eine nennenswerte Aenderung in der gesamten Abwasserbeschaffenheit herbeizuführen, vor einer Verschmutzung meistens ausreichend nicht geschützt. So vorteilhaft solche Hauskläranlagen im Einzelfalle also auch sein mögen, als definitive Lösung der Abwasserfrage können diese Einrichtungen niemals angesehen werden. Sie sollten deshalb auch nur als Notbehelf, nie aber in ausgedehnterem Masse praktische Verwendung finden, und zwar ist dies um so mehr zu fordern, als die Erfahrung lehrt, dass dort, wo derartige Anlagen in grösserem Umfange zugelassen werden, die definitive Lösung der Abwasserfrage immer wieder hinausgeschoben wird, so dass z. B. die Zustände im Vorfluter trotz der wachsenden Anzahl an Einzelkläranlagen schlechter statt besser werden. Zur Zeit der Mouras automatiques (vgl. Abb. 24) oder der Bordeauxgruben (vgl. Abb. 25), woselbst über die Reinigung des Abwassers in grösserem Massstabe so gut wie nichts bekannt war, mag eine allgemeinere Errichtung von Hauskläranlagen erklärlich gewesen sein. Heute, wo wir die Leistungsfähigkeit der einzelnen Verfahren und die Art ihrer Durchbildung genau kennen, liegen die Verhältnisse anders. Mangelnde Kenntnis über die Leistungsfähigkeit eines Reinigungsverfahrens darf wenigstens als Grund für ein weiteres Zögern in der Inangriffnahme der so wichtigen einheitlichen Regelung der Abwasserfrage und der Errichtung zweckmässiger Abwasseranlagen nicht mehr angegeben werden, zumal diese Art der Lösung unbestritten auch als das wirtschaftlich Vorteilhafteste anzusehen ist.

Bei Einzelgebäuden sollte hiernach also die Einleitung von Fäkalwässern in grösserem Umfange in nicht ordnungsmässig angelegte Kanalisationssysteme mit Rücksicht auf die Reinhaltung des Vorfluters, auch nach vorheriger Behandlung der Wässer, aus hygienischen Erwägungen allgemeiner Natur nicht zugelassen, also die allgemeine Anwendung von Wasserspülklosetts in solchen Fällen nicht gestattet werden, zumal auch mit anderen Einrichtungen, z. B. mit Torfstuhlklosetts, zwar nicht so bequeme, immerhin aber hygienisch einwandsfreie Anlagen sich schaffen lassen, und die Beseitigung der menschlichen Abgänge alsdann Schwierigkeiten im allgemeinen nicht bereitet. Ebenso sollte auch bei der Abwasserbeseitigung von kleineren, im Stadtgebiete belegenen Anstalten verfahren werden. Bei grösseren Anlagen, oder wenn die Abfuhr Schwierigkeiten bereitet, oder wenn bei der Art der geübten Abwasserbeseitigung hygienische Missstände hervortreten, müsste naturgemäss von der Errichtung von Trockenklosetts abgesehen werden und könnten dann Einzelkläranlagen für die Beseitigung der Fäkal- und Brauchwässer, um diese den städtischen Kanälen zu überantworten, errichtet werden. Die Art des hierbei zu wählenden Abwasserreinigungsverfahrens hätte sich dem Einzelfalle anzupassen. In vielen Eällen dürfte aber ein mechanisches Verfahren, das die Abwässer in frischem Zustande den Kanälen zuführt (also sogenannte Frischwasserkläranlagen, wie z. B. Emscherbrunnen, Travisanlagen, Kremer-Imhoffbrunnen) und mit dem erforderlichenfalls die Abwasserdesinfektion (s. weiter unten) vereinigt werden könnte, ausreichen und ein künstliches biologisches Verfahren nicht erforderlich sein, zumal bei diesem leicht Schwierigkeiten entstehen können, sowie einmal durch eine derartige Anlage grosse Mengen Seifenwässer beseitigt werden müssen.

Die Errichtung von Spülklosetts, die Einleitung von Fäkalien in nicht ordnungsmässig angelegte Kanäle oder beim Fehlen einer zentralen Kläranlage erscheint bei Einzelwohnhäusern und bei kleinen Anlagen, wie erwähnt, also unzulässig. Bei grösseren Anstalten, oder wenn Missstände bei der Abwasserbeseitigung entstehen sollten, kann die Zuführung der Fäkalien zu den Kanälen nach mechanischer Frischwasserbehandlung ausnahmsweise zugelassen werden. Inbetreff der anderen Abwasserarten hätte in solchen Fällen das auf S. 8 und S. 14 Gesagte Beachtung zu finden.

Die auf einem Anstaltsgebiete anfallenden reinen Wässer können im übrigen den Kanälen ohne weiteres überantwortet werden. Bei Frischwasserkläranlagen kann es aber auch vorteilhaft sein, die reinen Wässer diesen Anlagen selbst zuzuführen, doch soll hierauf erst später eingegangen werden.

Die Art der Ableitung der Abwässer zu eigenen Kläranlagen nebst anschliessender Einleitung in einen Vorfluter wird bestimmt durch die Art des im Einzelfalle zur Verwendung kommenden Abwasserreinigungsverfahrens, da dessen Leistungsfähigkeit im engen Zusammenhange mit der Art der Entwässerungsanlage steht. Im einzelnen sei hierüber auf Kapitel V verwiesen. Allgemein sei an dieser Stelle nur gesagt, dass bei den meisten Abwasserreinigungsverfahren die strenge Trennung der Abwässer von den reinen Wässern geboten erscheint, dass grössere Mengen Wäschereiabwässer vor ihrer Ableitung teils zu entfetten, teils getrennt von den übrigen Schmutzwässern abzuführen sind, und dass dem Charakter der Abwässer in Hinsicht auf einen eventuellen Gehalt an Krankheitserregern in gleicher Weise, wie bei Einleitung der Wässer in städtische Kanäle (durch eine entsprechende Vorbehandlung dieser Wässer) Rechnung getragen werden muss.

Bei ungünstigen Gefällsverhältnissen wird häufig eine Hebung des Abwassers erforderlich werden. Dabei ist es im Prinzip das beste, wenn nicht das Abwasser mit allen seinen ungelösten Bestandteilen, also das Rohwasser, sondern wenn das gereinigte, von gröberen Bestandteilen freie Abwasser durch die Pumpenanlage gefördert wird. Derartige Anlagen werden also am besten z. B. hinter der biologischen Anlage oder hinter der Vorreinigungsanlage eingeschaltet.

Bei geringen, wenige Kubikmeter im Tag betragenden Abwassermengen kann die Hebung des Abwassers durch eine einfache mittels Handbetrieb betätigte Saugpumpe oder auch durch sogenannte Wasserstrahlpumpen (vgl. Abb. 8) erfolgen. Für die Hebung etwas grösserer Abwassermengen genügen Windmotoren (vgl. Abb. 51) oder Heissluftmotoren. Bei noch grösseren Abwassermengen finden am besten elektrisch angetriebene Pumpen, die sich automatisch nach Bedarf aus- und einschalten, Verwendung. Sofern das Abwasser zum Gartensprengen gelegentlich gebraucht werden soll, kommt in Anstaltskläranlagen auch bei günstigen Gefällsverhältnissen gelegentlich die Schaffung einer einfachen Pumpenanlage in Frage. In solchen Fällen ist dann zu beachten, dass am besten das biologisch gereinigte Wasser zum Gartensprengen benutzt wird, dass aber auch das mechanisch gereinigte oder das aus Faulanlagen stammende Abwasser zu dem gedachten Zwecke Verwendung finden kann.

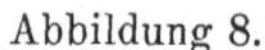
Abbildung 8.

Hauskläranlage System J. Braun, Wiesbaden. 2kammeriger Faulraum mit dazwischen geschaltetem Desinfektionsschacht; Tropfkörper mit Kipprinnenverteilung, zum Schluss Sammelschacht, aus dem das Abwasser mit Wasserstrahlpumpe in den Strassenkanal gehoben wird.

IV. Einrichtungen zur Desinfektion der Abwässer.

Die Grundlage für die Gesichtspunkte betreffs der Abwasserdesinfektion[1]) bildet die im Kaiserlichen Gesundheitsamt in Berlin durch den Reichsgesundheitsrat ausgearbeitete, vom Bundesrat unter dem 31. März 1907 eingeführte „Desinfektionsanweisung“, in der der Hauptschwerpunkt auf die Desinfektion der Abgänge am Krankenbett, die von Beginn der Krankheit an bis zu ihrer Beendigung vorzunehmen ist, gelegt wird (vgl. z. B. 25). Diese Anweisung gibt Vorschriften für die Desinfektion der Ausscheidungen des Kranken, also über die Behandlung des Auswurfs, des Rachenschleimes, des Erbrochenen, des Stuhlgangs und des Harns, und bespricht die Behandlung der Schmutz- und Badewässer und der von den Kranken benutzten Gegenstände.

Für die Desinfektion des Sputums wird hierbei die Behandlung mit Giften (Kresol, Karbolsäure) oder mit Soda und gleichzeitige Aufkochung, endlich das Verbrennen des Auswurfes angegeben. Für die Desinfektion der Schmutz- und Badewässer ist die Behandlung mit Chlorkalkmilch oder mit Kalkmilch vorgeschrieben und zwar soll soviel Chlorkalk zugesetzt werden, dass das Gemisch stark nach Chlor riecht, und von der Kalkmilch soviel,

1) Vgl. hierzu C. Flügge. Grundriss der Hygiene. 7. Aufl. Veit & Co., Leipzig.

dass das Gemisch rotes Lackmuspapier deutlich und dauernd blau färbt. Die Einwirkungsdauer der genannten Gifte soll hierbei 2 Stunden betragen, und die Gemische sollen erst nach Ablauf dieser Zeit durch Eingiessen oder durch Einleiten in Entwässerungsleitungen beseitigt werden. Bett- und Leibwäsche und dgl. ist in Gefässe mit verdünntem Kresolwasser oder Karbolsäurelösung zu legen und erst nach 2stündiger Einwirkung weiter zu reinigen. Eine

Abbildung 9.

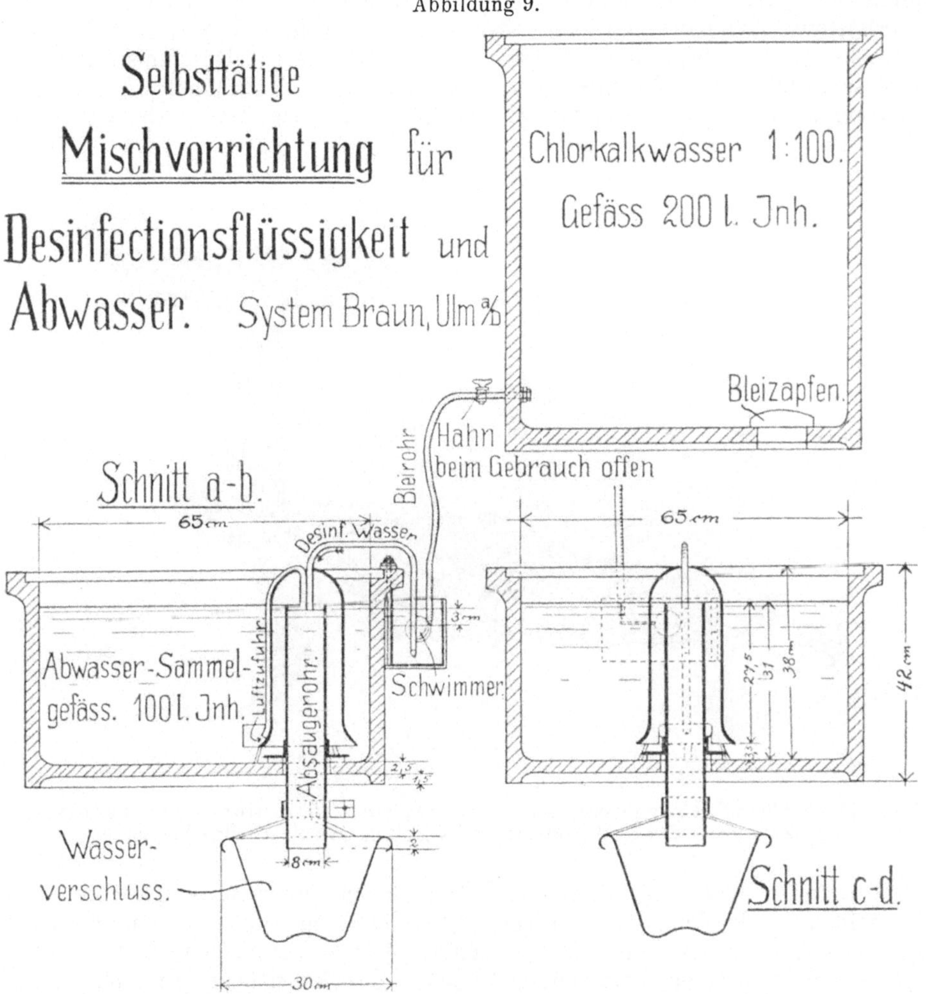

Selbsttätige Mischvorrichtung für Desinfektionsflüssigkeit und (biologisch vorbehandeltes) Abwasser. System Oberbaurat Braun, Ulm, für Krankenhäuser.

streng durchgeführte Meldepflicht für die ausgesprochenen und für alle verdächtigen Fälle von Krankheiten, die durch Wasser übertragbar sind, soll im übrigen die sichere Durchführung der Desinfektion am Krankenbett gewährleisten.

Die in Einzelgebäuden vorzunehmende Art der Desinfektion der Abgänge, desgleichen auch die Behandlung des in Lungenheilstätten in Frage kommenden infektiösen Materials wird durch die vorerwähnte Desinfektionsanweisung geregelt. In Krankenanstalten erfolgt die Behandlung der Abgänge teils am Krankenbette, teils werden die in der Infektionsabteilung anfallenden Abwässer, also das Abwasser mit allen seinen ungelösten Bestandteilen, besonderen Grubenanlagen zugeleitet, in denen sie einer wenigstens zweistündigen Einwirkung von Kalk oder Chlorkalk unterworfen werden. Zwecks geordneter Durchführung der Abwasserdesinfektion in Anstalten mit grösseren Abwassermengen sind meistens 3, mit Rührvorrichtungen ausgestattete, gemauerte Gruben oder auch frei aufgestellte eiserne Behälter vorgesehen. Die Rührvorrichtungen dienen zur guten Durchmischung des Abwassers mit dem Desinfektionsmittel und zur Zertrümmerung gröberer Abwasserpartikel. Zur Vermeidung des Auftretens von Geruchsbelästigungen

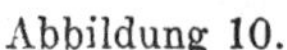

Abbildung 10.

Desinfektionsrührwerk für grössere Abwassermengen mit kontinuierlicher, regulierbarer Zuführung des Desinfektionsmittels System Wurl, Berlin-Weissensee.

beim Umrühren sind die Gruben und Tonnen entsprechend einzurichten und aufzustellen. Jede der 3 Gruben vermag die etwa in zwei Stunden anfallende Abwassermenge zu fassen. Bei geringeren Abwassermengen können statt 3 auch nur 2 Gruben Verwendung finden. Zwecks sicherer Erzielung einer guten Desinfektionswirkung ist es dann aber besser, wenn jede Grube so gross angelegt wird, dass das Abwasser in jeder Grube sich 24 Stunden aufzuhalten vermag.

Die Aufhaltebecken sind mit elektrischen Klingelvorrichtungen zu versehen, die die Füllung eines Behälters rechtzeitig anzeigen, und der Betrieb ist beim Vorhandensein von 3 Behältern derartig zu regeln, dass der eine Behälter unter Beigabe des Desinfektionsmittels in zweistündigem Betriebe mit Abwasser gefüllt wird, während der zweite Behälter mit Abwasser angefüllt ist und der dritte Behälter, der 2 Stunden voll gestanden hatte, gerade leer läuft.

Derartige Desinfektionsanlagen enthalten ausser den der Aufnahme der Abwässer dienenden Behältern Apparate, die der Bereitung der Desinfektionsmischung, d. h. der Kalkmilch oder Chlorkalkmilch dienen (vgl. z. B. Abb. 9); in grösseren Anlagen werden hierfür teils Rührwerke (vgl. Abb. 10), teils sogenannte Kollergänge oder ähnliche Einrichtungen vorgesehen, die eine konzentrierte, möglichst fein verteilte „Milch" herstellen, die gegebenenfalls dann noch in einem Mischgefäss mit reinem Wasser auf einen bestimmten, stets gleichbleibenden Konzentrationsgrad gebracht wird, ehe sie dem Abwasser beigemischt wird.

Die für den Chemikalienzusatz zum Abwasser benutzten Dosierapparate kommen in verschiedener Weise zur Ausbildung. Kent hat z. B. hierfür einen Apparat nach dem Prinzip des Venturimessers konstruiert; Braun (Abb. 1 und Abb. 9) ersann (für biologisch vorgereinigtes Abwasser) eine besondere Mischvorrichtung, bestehend aus einem Sammelgefäss für das Abwasser, aus einem Vorratsbehälter für die Chemikalienlösung und aus einem Dosiergefäss mit Schwimmerventil für das Desinfektionsmittel. Bezüglich der von Neumeyer konstruierten Vorrichtungen vgl. Abb. 11 und Abb. 56.

Während sich nun nach Gärtner (25) Kalkmilch zur Desinfektion des in Tonnen und Gruben enthaltenen Kotes am wirksamsten erwiesen hat, ist für die Behandlung der Abwässer Chlorkalk (nach Dunbar; vgl. 19) wirksamer als Kalk. Der letztere wird in der Abwasserpraxis trotzdem aber vielfach noch gern angewandt und z. B. von Ledermann[1]) und von Hecker empfohlen, da er leichter beschafft werden kann und Veränderungen nicht so leicht zugänglich ist wie Chlorkalk. Statt Chlorkalk (Kalziumhypochlorit) findet übrigens in Amerika neuerdings Natriumhypochlorit als Desinfektionsmittel Verwendung, da dieses haltbarer ist als Chlorkalk. In Fällen, wo eine Abwasserbehandlung mit Chlorkalk in grösserem Umfange oder auf längere Zeit hinaus in Frage kommt, und elektrische Kraft billig zur Verfügung steht, dürfte die Schaffung von Einrichtungen, die die Herstellung von Chlor aus Kochsalzlösung im eigenen Betriebe in sog. Elektroliseuren[2]) gestatten, ins Auge gefasst werden.

Die im Einzelfalle zur Erzielung eines guten Desinfektionserfolges erforderliche Chemikalienmenge richtet sich im allgemeinen nach der Konzentration der Abwässer. Je mehr ungelöste und gelöste Stoffe ein Abwasser enthält, um so grössere Mengen an Zuschlägen sind erforderlich (vgl. dazu auch die Fussnote 1 auf S. 20). Die Zusatzmenge schwankt deshalb unter Umständen in weiten Grenzen — bei Chlorkalk z. B. etwa zwischen 1 : 1000 (zur sicheren Abtötung der Tuberkelbazillen), 1 : 2000 bis 1 : 20 000 — und wird am sichersten durch Feststellung des Desinfektionserfolges mittels der bakteriologischen Untersuchung — Abnahme der Keime, Verschwinden des B. coli — bestimmt.

Beide Zuschläge, Chlorkalk wie Kalk, leisten, an sich betrachtet, praktisch Ausreichendes, sobald von ihnen genügend grosse Mengen Verwendung finden. Beide wirken in erster Linie auf frei in der Flüssigkeit schwimmende Keime, und ihre Wirksamkeit wird eingeschränkt, sowie diese Keime in Partikelchen eingeschlossen, also in gröberen Abwasserbestandteilen enthalten

1) Ledermann, Die gesundheitliche Bedeutung der Waschküchen gegenüber der jetzigen Handhabung des Wäschereibetriebes im Kreise Saarlouis. Vortrag. Sonderdruck. Franz Stein, Nachf. Hansen & Co, Saarlouis.

2) Vgl. z. B.: Die elektrochemische Gewinnung von Chlor nach Dr. J. Billiter (Siemens & Halske A. G. Wasserwerk, Berlin-Nonnendamm).

Abbildung 11.

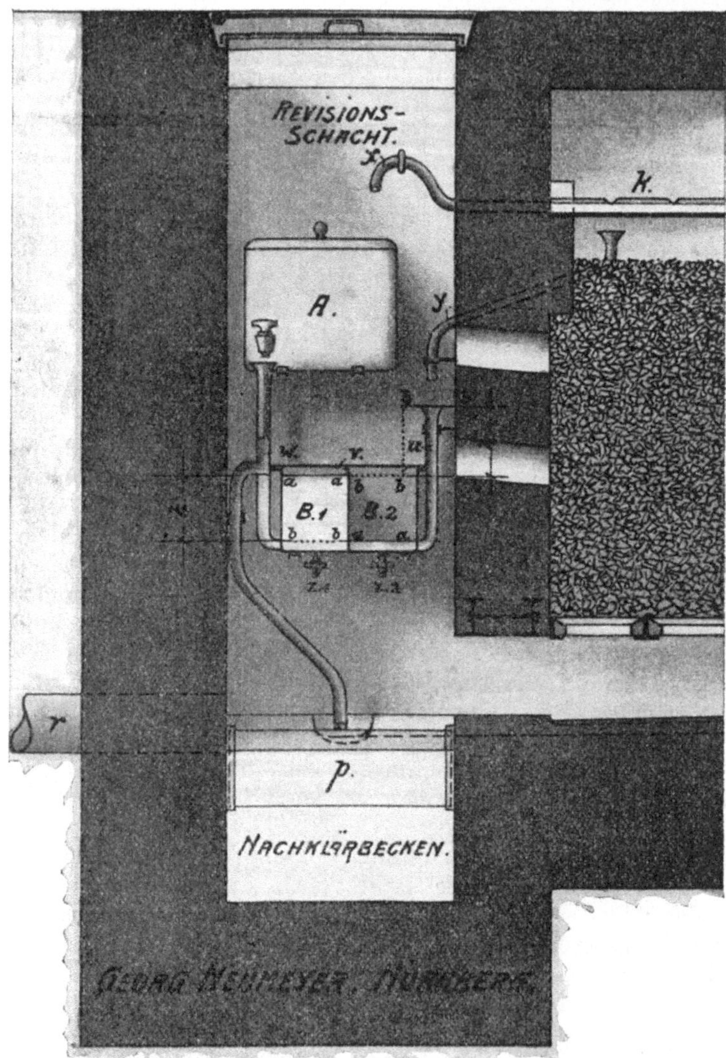

DESINFEKTIONS-VORRICHTUNG.
— D.R.G.M. —

Desinfektionsanlage System Georg Neumeyer, Nürnberg, für biologisch vorgereinigtes Abwasser. A = Tonbehälter zur Aufnahme des Chlorkalks; B_1 = bis a—a gefüllter Behälter zur Aufnahme der Desinfektionsflüssigkeit; B_2 = mit Abwasser bis a—a gefüllter Behälter; x = Schlauchleitung zur Entnahme von Wasser aus einer Verteilungsrinne zur Herstellung der Chlorkalklösung; y = Zuleitungsrohr, das das Abwasser von einer oder mehreren Kerben der Rinne k aufnimmt und Behälter B_2 zuführt. In B_2 wird dadurch ein bestimmtes Quantum Luft nach B_1 verdrängt und bringt hier eine entsprechende grosse Menge Desinfektionsflüssigkeit zum Ablauf durch p, wo sich diese dann mit dem Tropfkörperabfluss mischt. Die Dosierung erfolgt also durch die aus den Kerben B_2 durch y zugeführte Abwassermenge.

sind. Ein weitgehender Desinfektionserfolg lässt sich also nur dann erreichen, wenn bei der Gestaltung der Desinfektionsanlage in erster Linie auf die Unschädlichmachung der in den groben Abwasserbestandteilen event. enthaltenen Krankheitskeime Bedacht genommen wird. Erreichen lässt sich dies auf mehrfache Weise (19); einmal kann man z. B. die über 1—2 mm grossen Abwasserbestandteile aus dem Abwasser ausscheiden und diese dann für sich ordnungsgemäss beseitigen, oder man kann die festen Bestandteile in gewissem Sinne „verflüssigen", und so die in ihnen vorhandenen Keime der Wirkung des Desinfektionsmittels zugänglich machen.

Unter Berücksichtigung dieser Gesichtspunkte lassen sich für die Desinfektion von Anstaltsabwässern folgende Lösungsmöglichkeiten angeben:

1. Abfangen der ungelösten Abwasserbestandteile mit Feinsiebanlagen (vgl. z. B. Abb. 12 u. 15), Verbrennen der erhaltenen Siebrückstände unter der Kesselanlage und Behandlung der mechanisch vorgereinigten Abwässer mit Chlorkalk oder Kalk in Gruben, wie oben ausgeführt worden ist.

Abbildung 12.

Separatorscheibe System Riensch. Die Hauptteile der Anlage sind zu erkennen. Durchmesser der Scheibe 4,5 m; Schlitze 2 mm breit, 30 mm lang.

2. Mechanische Behandlung des Abwassers in sog. Frischwasserkläranlagen mit getrennter Schlammfaulung, Beförderung der ungelösten Abwasserbestandteile in Schlammzersetzungsräume, in denen die Krankheitskeime nicht mehr schaden können, und Behandeln des entschlammten Wassers mit Desinfektionsmitteln in Gruben wie zu 1.
3. Mechanische Behandlung des Abwassers in 2 hintereinander angeordneten Faulbecken, in denen die ungelösten Stoffe in gewissem Sinne verflüssigt werden, und Behandeln der Faulraumabflüsse mit Desinfizientien wie bei Möglichkeit 1 und 2.
4. Behandlung des Abwassers in künstlichen biologischen Anlagen und nachherige Desinfektion der Abwässer wie bei Möglichkeit 1, 2 und 3.

Alle diese Möglichkeiten stellen gangbare Wege der Abwasserdesinfektion in Krankenanstalten dar. Bei der Wahl des Verfahrens sind die im Einzelfalle bestehenden Verhältnisse massgebend, und zwar ist u. a. zu beachten, dass Möglichkeit 1 und 2 frische Abflüsse liefert und im allgemeinen geringere

Chemikalienmengen zur Erzielung einer ausreichenden Desinfektion benötigt wie Möglichkeit 3, dass aber bei dieser letzteren die Desinfektionswirkung eine durchgreifendere sein kann als bei 1 und 2, da die in Schleimflocken eingeschlossenen Bakterien durch die Faulprozesse, wie oben gesagt worden ist, gewissermassen freigelegt werden und der Wirkung des Desinfektionsmittels leichter zugänglich gemacht worden sind, was bei frischen Abwässern nicht der Fall zu sein pflegt.

Die Desinfektion am Krankenbette und die Behandlung der Abwässer der Infektionsabteilung eines Krankenhauses trifft naturgemäss im günstigsten Fall nur einen Teil der pathogenen Keime; sie ist aber trotzdem notwendig und immer noch sicherer, als wenn die Desinfektion erst in der zentralen Abwasserreinigungsanlage vorgenommen werden würde. Bei der Menge der hierbei erforderlich werdenden Zuschläge ist eine dauernde Desinfektion der gesamten Wässer, sowie einigermassen umfangreichere Mengen zu behandeln sind, im übrigen praktisch meistens auch gar nicht durchführbar. Bei der Projektierung von zentralen Abwasserreinigungsanlagen, z. B. für eine Stadt, ist es deshalb im allgemeinen ausreichend, wenn man, sofern das gewählte Verfahren es zulässt, die einzelnen Abteilungen entweder so anordnet, dass eine Desinfektion des Gesamtabwassers möglich ist, oder wenn man bei der zu schaffenden zentralen Anlage freie Flächen vorsieht, auf denen im Bedarfsfall in provisorischen Erdbecken die erforderliche Einwirkungsdauer der Zuschläge auf das Abwasser erreicht werden kann.

Bei der Verwendung von Chlorkalk ist zu beachten, dass das behandelte Abwasser überschüssige Chlormengen enthält, die durch Eisensalze, etwa 1 Teil $FeSO_4$ auf 5000—6000 Teile Abwasser, zu beseitigen sind, ehe das Wasser der Vorflut überantwortet werden kann. Durch Versuche sind die genauen, im Einzelfalle erforderlichen Zuschlagsmengen zu ermitteln. Diese Feststellungen werden am besten sofort nach Fertigstellung der Reinigungsanlage gemacht, damit zu Epidemiezeiten die Desinfektion des Gesamtabwassers im Bedarfsfalle ohne weiteres vorgenommen werden kann.

Die Desinfektion am Krankenbette oder in einer Anstalt ist im übrigen vorzunehmen, gleichgültig welcher Reinigungsmethode die Abwässer in der zentralen Kläranlage unterzogen werden. Es ist also ohne Belang, ob die Abwässer nur mechanisch oder ob sie auch noch biologisch, ob sie durch Rieselfelder oder durch ein künstliches biologisches Verfahren behandelt werden.

Bei künstlichen biologischen Anlagen kann im übrigen die Gesamtdesinfektion der Abwässer sowohl vor — also im entschlammten Wasser —, wie hinter den biologischen Körpern ausgeführt werden. Im ersten Fall ist eine gewisse Vorsicht geboten, da zu viel Chlor den biologischen Körpern schaden kann, während weniger Chlor für die Körper eher nützlich als schädlich ist. Die bei der Desinfektion biologisch vorgereinigter Abwässer verwandten Einrichtungen sind weiter oben bereits aufgeführt worden. Bezüglich der Verfahren, die ausser der Abwasserdesinfektion eine Abnahme der in einem Abwasser event. vorhandenen Krankheitskeime zu bewirken vermögen, vgl. S. 65.

In Amerika wird die Desinfektion des Gesamtabwassers neuerdings vielfach befürwortet (63, 91), und gute Uebersichten[1]) über den Chemikalienbedarf bei Rohwasser und bei verschieden weitgehend gereinigten Wässern werden

1) Zur Erzielung einer befriedigenden Desinfektionswirkung gebraucht Rohwasser 50—70 Teile wirksames Chlor auf 1000000 Teile; Faulraumabflüsse gebrauchen 25—44 Teile, Füllkörperabflüsse der 1. Stufe 20 Teile, der 2. Stufe 10,6 Teile und der 3. Stufe 5 Teile wirksames Chlor auf 1000000 Teile.

gegeben. Die Werte liegen meistens niedriger als die deutschen Zahlen. Einmal sind die Abwässer in Amerika oft beträchtlich dünner als die deutschen Schmutzwässer und machen deshalb an und für sich schon geringere Zuschläge notwendig. Dann erachtet man es in Amerika, ähnlich wie bei der Trinkwasserbehandlung, aber auch für praktisch ausreichend, wenn der grössere Teil der Keime abgetötet wird, hält also daselbst keineswegs eine Unschädlichmachung sämtlicher Krankheitskeime in der Praxis immer für notwendig. Inwieweit die amerikanischen Zahlen auf deutsche Verhältnisse Anwendung finden können, muss im einzelnen Fall jeweils deshalb sorgfältig geprüft werden.

Die Kontrolle von Desinfektionsanlagen erfolgt am sichersten mittels der bakteriologischen Untersuchung (siehe oben); gleichzeitig sind aber auch die in den desinfizierten Abwässern verbleibenden Restmengen an Desinfektionsmitteln, gegebenenfalls quantitativ, zu ermitteln.

V. Die Verfahren zur Reinigung der Abwässer.

Die der Reinigung der Abwässer dienenden Einrichtungen sind ausserordentlich zahlreich. Nach dem Grade der durch sie zu erreichenden Reinigungserfolge unterscheidet man zwischen oberflächlich wirkenden, nur die ungelösten Abwasserbestandteile treffenden Verfahren und zwischen durchgreifend wirkenden Methoden, die den Abwässern ausserdem auch noch ihre Fäulnisfähigkeit nehmen. Teilt man die Verfahren nach den bei der Reinigung wirkenden Kräften ein, so spricht man von mechanischen und mechanisch-chemischen Verfahren und von biologischen Verfahren, dabei jeweils den Hauptreinigungsvorgang hervorhebend.

Die Durchbildung der zu einer Gruppe gehörenden Reinigungsverfahren ist oft eine grundverschiedene; alle neueren Verfahren erstreben aber den gemeinsamen Zweck, den Betrieb möglichst zu vereinfachen, d. h. die Bedienung von Hand auf ein Mindestmass herabzusetzen, von der Erkenntnis ausgehend, dass nur dann auf die Dauer etwas Brauchbares geschaffen werden kann, wenn der Betrieb von dem guten Willen der Bedienung praktisch unabhängig gemacht wird. Die Notwendigkeit eines einfachen Betriebes ist nun insbesondere für die gute Wirkung einer Anstaltskläranlage die Voraussetzung. Bei dieser können besondere Bedienungsmannschaften naturgemäss nicht gehalten werden, und die Beaufsichtigung und Wartung derartiger Anlagen kann nur im Nebenamte, z. B. durch den Gärtner oder durch den Maschinisten erfolgen. Alle Verfahren, die einigermassen kompliziert sind, müssen von vornherein hier also ausscheiden. Dies geht so weit, dass es sogar zulässig sein kann, auch wenn ungünstigere Vorflutverhältnisse bestehen, einem mechanischen Verfahren vor einem biologischen den Vorzug zu geben, wenn z. B. die Voraussetzungen für das richtige Funktionieren des letztgenannten Verfahrens im Einzelfall nicht gegeben sind. Denn eine gut arbeitende mechanische Anlage ist für eine Vorflut zweifellos oft noch besser als eine schlecht wirkende biologische Anlage. Die jeweils bestehenden Verhältnisse sind naturgemäss auch hierbei ausschlaggebend, ohne deren sorgfältige Berücksichtigung Misserfolge sich nicht vermeiden lassen.

Eine Anstaltskläranlage muss aber nicht allein einen einfachen Betrieb aufweisen, sie hat andererseits auch praktisch geruchlos zu arbeiten, da sie meistens in nicht allzu weiter Entfernung der Gebäude errichtet wird, und die etwa auftretenden unangenehmen Gerüche zu Belästigungen führen können. Hierbei ist zu beachten, dass nicht allein ein fauliger Geruch oder ein Geruch nach Schwefelwasserstoff, sondern auch schon ein stark modriger Geruch lästig empfunden werden kann. Die im Einzelfalle alsdann anzuwendenden Hilfsmittel sind mannigfache. Geruchsbelästigungen lassen sich von vornherein z. B. dadurch vermeiden, dass man sogenannte Frischwasserkläranlagen errichtet, das Abwasser also gar nicht zur Bildung stinkender Verbindungen kommen lässt, und dass man auch die Schlammbeseitigung unter Beachtung der gleichen Gesichtspunkte bewerkstelligt. Von Vorteil ist es aber auch in diesen Fällen, wenn die Kläranlage tunlichst weit von den Gebäuden entfernt, von der herrschenden Windrichtung abgekehrt, gelegt wird. Kann man die Anlage zwischen lichten Laub- und Nadelbaumbeständen errichten und sie dadurch dem Auge des Beschauers entziehen, so bietet dies an sich schon grosse Vorteile (Abb. 13). Wo natürliche Waldbestände nicht vorhanden sind, ist die Umpflanzung der Anlagen mit rasch wachsenden Nadelhölzern und mit Vogelschutzgehölzen[1]) stets zu

Abbildung 13.

Biologische Tropfkörperanlage für die Königl. Sächs. Landesanstalt Bräunsdorf; errichtet 1909 von *J. Braun & Co.*, Wiesbaden. (70 cbm tägliches Abwasser, 700 Personen; in dem massiven Gebäude sind 2 Tropfkörper mit Drehsprengerverteilung untergebracht; die Faulräume befinden sich in der Böschung an der Rückseite des Gebäudes.)

empfehlen. Zwischen Obstbäume darf eine Abwasseranlage, wenn von ihr die Verbreitung eines unangenehmen Geruches oder von Fliegen in ihre nähere Umgebung möglich ist, natürlich nicht gelegt werden.

Bei allen Abwasserreinigungsanlagen ist im übrigen zu beachten, dass die *groben Abwasserbestandteile* infolge der Nähe der Anlage *grösstenteils in unzertrümmertem Zustande* auf ihr ankommen, dass das Abwasser aus dem gleichen Grunde verhältnismässig warm ist, und dass die in den Anstalten anfallenden verschiedenen Abwasserarten (häusliche Abwässer, Wäschereiabwässer usw.) nur wenig miteinander vermischt sind.

---

1) Vgl. M. *Hiesemann*, Lösung der Vogelschutzfrage nach Freiherrn v. Berlepsch. Verlag von Frz. Wagner, Leipzig.

Die Beschreibung der zur Reinigung der Abwässer angewandten Verfahren soll sich im nachstehenden auf die in dem vorliegenden Falle zu beachtenden besonderen Gesichtspunkte beschränken. Bezüglich einer umfassenderen und allgemeineren Darstellung vergleiche man u. a. die Werke von Dunbar (19) und den von Rubner, v. Gruber und Ficker herausgegebenen Wasserband des bei Hirzel-Leipzig erschienenen Handbuches der Hygiene (77).

A. Die mechanischen und die mechanisch-chemischen Abwasserreinigungsverfahren.

Die Verfahren sind im nachstehenden nach dem Grade ihrer Leistungsfähigkeit aufgezählt. Sie bewirken der Hauptsache nach eine Ausscheidung der ungelösten Abwasserbestandteile. Die mechanisch-chemischen Verfahren beeinflussen auch die sogenannten gelösten Stoffe, und das zum Schlusse aufgezählte Kohlebreiverfahren vermag bei Verwendung genügender Zuschlagsmengen einen den biologischen Verfahren gleichwertigen Reinigungserfolg zu erzielen.

1. Die Rechenanlagen.

Die Beseitigung der gröberen Abwasserbestandteile durch Rechenanlagen erfolgt teils durch Stabrechen, teils durch Netzwerke, Drahtharfen und Siebbleche (68). Die Stabrechen werden teils aus Rundstäben, teils aus Flacheisen oder Profilstäben hergestellt. Die „Grobreiniger" bewirken eine Absiebung der Schmutzstoffe auf etwa 10 mm herab; die „Feinreiniger" entfernen die Schmutzstoffe bis auf 3, 2 oder 1 mm herab.

Die Siebflächen sind entweder feststehend, oder werden periodisch oder auch dauernd bewegt. Die Abstreichung der Rechen erfolgt bei kleineren Anlagen von Hand, bei grösseren Anlagen stets maschinell.

Rechenanlagen finden sich in der Abwasserpraxis teils als selbständige Klärverfahren, teils in Verbindung mit Absitzanlagen (s. dort). In Anstalten kommen Rechenanlagen allein im allgemeinen nur in seltenen Fällen zur Anwendung; so kann man sie zur Behandlung des in der Infektionsabteilung eines Krankenhauses anfallenden Abwassers benutzen, ehe dieses einer Behandlung mit Desinfektionsmitteln unterzogen wird (s. S. 19), oder man verwendet sie bei äusserst günstigen Vorflutverhältnissen als Abwasserbehandlungsmethode allein, sofern z. B. eine Anstalt ihr Abwasser einem unserer grossen Ströme, wie Rhein, Elbe, Weichsel als Vorflut überantworten kann. In beiden Fällen kommen sogenannte Feinreiniger als Rechenverfahren zur Benutzung.

In Verbindung mit anderen Reinigungsverfahren finden in Anstaltsbetrieben meistens nur Grobreiniger Verwendung. Hier haben diese Anlagen eine doppelte Aufgabe zu erfüllen; sie müssen einmal die groben Abwasserbestandteile, die wegen der Nähe der Abwasseranlage in besonders reichlichen Mengen anfallen, zunächst von der nachgeschalteten Absitzanlage fernhalten, da diese Stoffe den Absitzbetrieb sonst nachteilig zu beeinflussen vermögen; zweitens müssen die zurückgehaltenen groben Stoffe durch die Art des Betriebes aber auch zertrümmert werden. Dann schaden sie natürlich beim Absitzbetrieb nicht mehr, und man bewirkt dadurch die Vereinigung der Schlammstoffe an einer einzigen Stelle, was bei kleinen Anlagen mit Rücksicht auf die einfachere Art der Schlammbeseitigung stets das einzig richtige ist. Zur Erreichung dieses Zweckes verwendet man schräg zur Abwasserrichtung angeordnete, unbewegliche Stabrechen, deren Absiebflächen nicht zu klein bemessen werden dürfen, damit das Abharken und die dabei bewirkte Zertrümmerung mit Handbetrieb nur in Abständen von einigen Stunden erforderlich wird (vgl. Abb. 14).

Vor Absitzanlagen ist die Anbringung von Grobreinigern also notwendig; Faulanlagen schickt man die Abwässer dagegen ohne weiteres zu. Die Zweiteiligkeit dieser Anlagen und die Art ihres Betriebes sichern vor schlechten mechanischen Erfolgen (s. später).

Die Zahl der verschiedenen Rechensysteme, deren konstruktive Durchbildung besonders in Deutschland besonders gefördert worden ist, ist eine äusserst mannigfache. Vgl. hierzu z. B. (85).

Die nachstehende Einteilung gibt eine Uebersicht über die bekannteren Absiebanlagen.

Abbildung 14.

Mechanisch-biologische Anlage der Kolonie Deutsch-Wusterhausen für 250 Einwohner (25 cbm Abwasser) im Tage; bestehend aus einem Stabrechen mit dahinter angeordneter Rinne für die herausgenommenen ungelösten Stoffe, aus einem Kremerfaulbrunnen (mit einem Absitzraum und mit darunter gelagertem Schlammzersetzungsraum) und aus einem dahinter angeordneten Tropfkörper mit Rinnenverteilung.

Zu den Grobreinigern gehören folgende Systeme: der Lumpenfänger Schäfer-Geiger (+ ×), der Geigersche Kipprechen (×), der Allensteiner Rechen (×), der Baden-Badener Rechen (×), das Rothesche Fangsieb (×), der Schneppendahlsche Flügelrechen (×) und der Uhlfeldersche Rechen.

Zu den Feinreinigern gehören der Kölner (+) und der Düsseldorfer Rechen (+), der Göttinger und der Hamburger Bandrechen, das Geigersche Siebschaufelrad, der Lehmannsche Fasernfänger und der Bromberger Rechen, ferner die Separatorscheibe von Riensch (Abb. 12) und von Riensch-Wurl (Abb. 15) und der Schumannsche Siebkegel.

Die mit einem (+) versehenen Systeme bewirken die Abstreichung der abgefangenen Stoffe unter Wasser; Systeme, die die Abstreichung mit Handbetrieb bewerkstelligen, sind mit einem (×) versehen. Im übrigen können manche Rechensysteme sowohl als Grobreiniger wie auch als Feinreiniger Verwendung finden.

Infolge des kurzen Transportweges des Abwassers zur Anstaltskläranlage kommen die festen Abwasserbestandteile, wie bereits früher gesagt worden ist, meistens unzertrümmert auf der Anlage an. Der durch Rechenanlagen bewirkte Reinigungserfolg in Anstaltsanlagen ist deshalb ein bedeutender. Bestimmte, allgemein gültige Werte lassen sich zurzeit hierfür aber nicht angeben. Einen ungefähren Anhaltspunkt hierfür bietet die auf Seite 26 gebrachte Tabelle 3.

Einer Rechenanlage können die sämtlichen im Anstaltsbetriebe anfallenden Abwässer und die reinen Wässer zugeführt werden. Gegebenenfalls hat der Absiebung der groben Stoffe eine Vorbehandlung im Sinne der in Kapitel III und IV gemachten Ausführungen vorauszugehen.

Abbildung 15.

Separatorscheibe System Riensch-Wurl, Berlin-Weissensee. Innenansicht der Abwasserreinigungsanlage der Stadt Ostrowo. Durchmesser der Scheibe 3,5 m, Weite der Schlitze 4 mm.

Die Kontrolle des durch Rechenanlagen bewirkten Klärerfolges geschieht am einfachsten und sichersten durch Wägung des abgefangenen Rechengutes unter gleichzeitiger Bestimmung seines Wassergehaltes. Bei Feinabsiebanlagen ist ausserdem festzustellen, wie viele Abwasserbestandteile durch die Anlage zertrümmert worden sind; die unter der Schlitzweite der Absiebanlage liegenden Mengen der ungelösten Abwasserbestandteile vor und hinter der Anlage sind also zu ermitteln. Die für das behandelte Wasser ermittelten Werte dürfen dabei nicht höhere sein als diejenigen für das unbehandelte Abwasser. Bei gut wirkenden Absiebanlagen liegen sie meistens niedriger. Die Menge der ungelösten Stoffe ist bei beiden Abwasserarten gewichtsanalytisch zu ermitteln.

2. Die Absitzanlagen.

Sandfänge, Becken-, Brunnen- und Turmanlagen sind die zur Erzielung mechanischer Erfolge benutzten Absitzanlagen. Bei den beiden zuerst genannten Einrichtungen ist die Wasserbewegung vorwiegend eine horizontale, bei Brunnen- und Turmanlagen dagegen vorwiegend eine auf- oder absteigende. Bei gleicher Aufenthaltsdauer ist der in beiden Fällen zu erreichende Reinigungserfolg etwa der gleiche; befriedigende mechanische Kläreffekte lassen sich — normale Verhältnisse sind dabei vorausgesetzt — erreichen, sofern das Abwasser sich etwa 2 Stunden bis zu 1 Stunde herab in den Becken- und Brunnenanlagen im Mindestmasse aufhält. Sandfanganlagen erhalten bei der meistens leichten Ausscheidbarkeit des Sandes naturgemäss erheblich kleinere Abmessungen, und die Wassergeschwindigkeit darf z. B. in diesen Einrichtungen nur soweit verlangsamt werden — nicht unter 2 dcm pro Sekunde (68) —, dass in ihnen nur Sand und kein Schlamm zur Abscheidung gelangt, wie dies z. B. in den mit flachen Sohlen ausgestatteten Sandfängen der Emschergenossenschaft gut gelöst ist.

Tabelle 3.

	Ungefähre Menge des nassen Schlammes		Verhältnis der anfallenden Schlammmengen	Wassergehalt des nassen Schlammes in pCt.
	pro 1000 cbm Abwasser in cbm	pro Kopf und Tag in l		
Sandfang und Rechen[1])	0,2—0,3	0,02—0,03	0,1—0,25	50
Faulverfahren . . .	1—1,8—2	0,1—0,18—0,2	1	80
Absitzverfahren . . .	3—5,5	0,3—0,55	3	95—98
Chemische Klärung .	9	0,9	5	90—95
Kotmenge[2])	—	0,09	—	50—55

Ueber die durch Absitzanlagen in der Praxis ungefähr erhaltene Schlammmenge gibt die vorstehende Tabelle 3 Aufschluss[3]). Bei Absitzanlagen kann hiernach also mit 3 bis 5,5 l frischem Schlamm für jedes Kubikmeter Abwasser gerechnet werden; das sind pro Kopf und Tag etwa 0,3 bis 0,55 l frischer Schlamm, die anfallen und ordnungsgemäss beseitigt werden müssen.

Bei Becken- und Brunnenanlagen kommt in vielen Fällen, z. B. wenn diese als Vorreinigungsanlage für künstliche biologische Körper dienen, ausser der Ausscheidung der ungelösten Stoffe die Notwendigkeit einer Vermischung verschiedener Abwasserarten noch in Frage. Sache des besonderen Falles wird es sein zu entscheiden, ob die Erzielung gleichmässiger Abflüsse alsdann zweckmässiger durch Vergrösserung der Absitzanlage, also durch Erhöhung der Aufenthaltsdauer des Abwassers in den Anlagen, oder durch eine geregelte Art der Ableitung der Abwässer (z. B. der Wäschereiabwässer) in den Anstalten selbst erreicht wird.

Die Errichtung von Sandfanganlagen ist bei Anstaltskläranlagen im allgemeinen nicht erforderlich. Wie auf S. 13 ausgeführt worden ist, sind die in Rede stehenden Anstalten fast stets nach dem reinen Trennsystem zu entwässern, und Ausnahmen sind gegebenenfalls nur dann zulässig, wenn die Abwässer in sogenannten Frischwasseranlagen behandelt werden. Da für diese

---

1) Die Sandfangrückstände allein betragen pro Kopf und Tag etwa 0,01 l (Wassergehalt etwa 35 pCt.) und die Rechenrückstände allein pro Kopf und Tag 0,01 bis 0,02 l (Wassergehalt etwa 70 pCt.).

2) Die Kotmenge ist in Kilogramm angegeben (vgl. S. 4).

3) Die ungefähren Mengen an nassem Schlamm pro 1000 cbm Abwasser und die Verhältniszahlen sind einer Zusammenstellung von Weldert entnommen.

aber der Sand eher nützlich wie schädlich ist — er stellt oft ein bequemes Beschwerungsmittel für den durch die Faulvorgänge sonst öfters zu stark auftreibenden Schlamm dar —, so genügt es in derartigen Fällen, wenn nur die Möglichkeit der Vorschaltung von Sandfängen vorgesehen wird, um für alle Fälle gesichert zu sein.

Sandfanganlagen sind in der Praxis bei Anstaltskläranlagen häufig anzutreffen; sie sind aber meistens keine Sand-, sondern Schlammfänge; in verhältnismässig wenigen Tagen sind sie mit Schlamm erfüllt, müssen gereinigt werden und bilden so eine dauernde Störung des Kläranlagenbetriebes. Der hierbei erhaltene frische Schlamm ist dazu noch, im Gegensatze zu ausgefaultem Schlamm, landwirtschaftlich ohne weiteres meistens nicht zu gebrauchen,

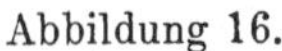
Abbildung 16.

Beerdigen des Schlammes nach Watson. Der in Erdfurchen eingeleitete Schlamm wird mit Erde zugedeckt.

und es bleibt deshalb oft nichts anderes übrig, als den erhaltenen Schlamm durch einfaches Untergraben oder durch Einleitung in Erdfurchen und nachheriges Bedecken (Beerdigung des Schlammes nach Birminghamer Art), zu beseitigen (vgl. Abb. 16).

Becken- und Brunnenanlagen finden bei der Behandlung von Anstaltsabwässern teils als Vorreinigung für natürliche und künstliche biologische Verfahren, teils als alleinige Reinigungsmethode — bei günstigen Vorflutverhältnissen —, teils als Hauskläranlagen in der Praxis Verwendung. Die Durchbildungsmöglichkeiten im einzelnen Falle sind mannigfache; für Anstaltskläranlagen können im allgemeinen aber nur solche „Systeme“ zur Anwendung empfohlen werden, bei denen der ausgeschiedene Schlamm ohne Störung des

Betriebes, also unter Wasser, in einfachster Weise aus der Absitzanlage entfernt werden kann. Nur solche Einrichtungen sichern einen einfachen Betrieb, wie dieser für das richtige Funktionieren von Anstaltskläranlagen die Voraus-

Abbildung 17.

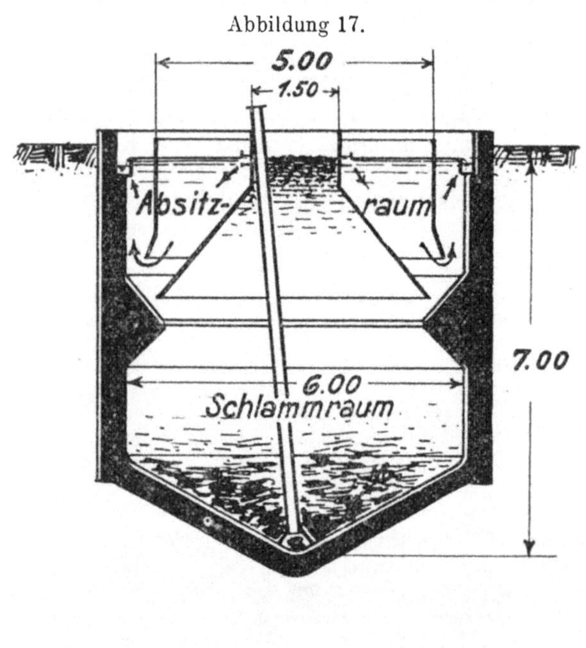

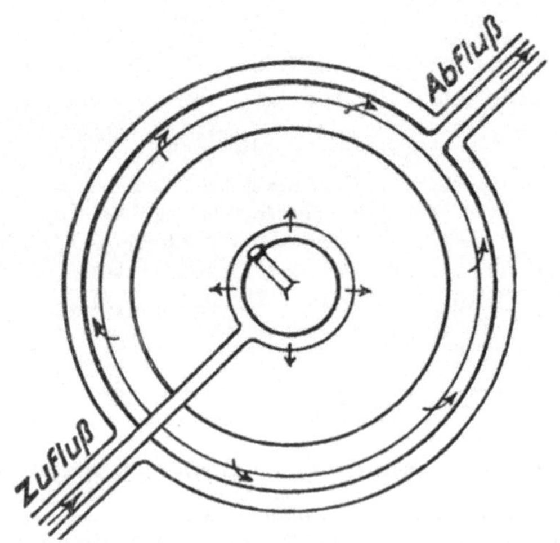

Einzelbrunnen mit ab- und aufwärts gerichteter Wasserbewegung für 3000 Einwohner und 320 cbm tägliche Wassermenge (System Imhoff).
Absitzraum = 34 cbm; Durchflusszeit = $1^1/_2$ Stunden; Schlammraum = 90 cbm. Der Schlamm wird herausgepumpt.

setzung bildet. Derartige „Frischwasserkläranlagen" können für Anstalten aber nur dann empfohlen werden, wenn bei ihnen auch die Schlammfrage nach jeder Richtung hin gelöst ist, wenn also der täglich anfallende frische Schlamm sogleich auch wieder ordnungsgemäss beseitigt wird. Das Verfahren der getrennten Schlammfaulung steht hier an allererster Stelle. Auf dieses soll in Kapitel VI deshalb noch näher eingegangen werden.

Abbildung 18.

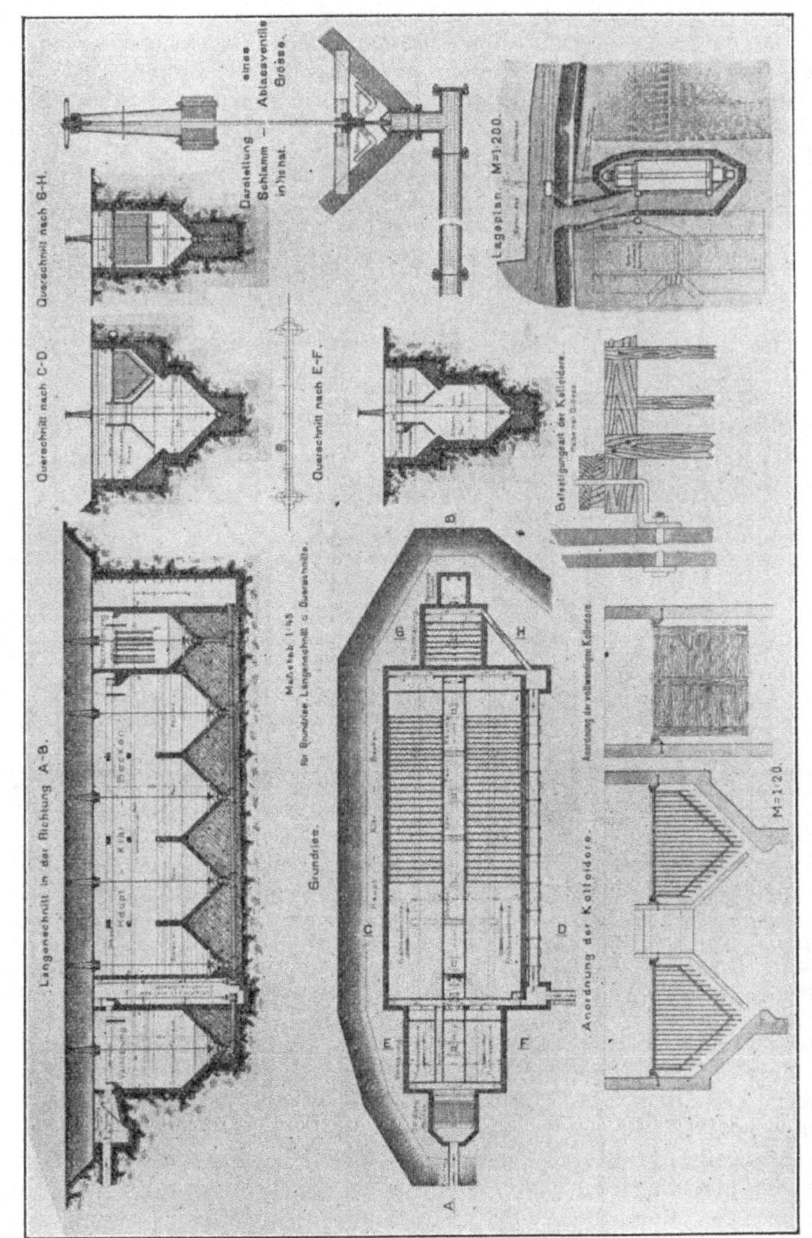

Mechanische Abwasserreinigungsanlage der Kasernements der Garnison Mörchingen (System Dr. Travis). Tägliche Abwassermenge rund 300 cbm bei Trockenwetter. Die Anlage besteht aus Sandfang mit Rechen und Abstreichrinne, Vorklärbecken und Hauptbecken (letzteres mit Kolloidfängern) und aus einem Schlammtrockenplatz (Städtehygiene- und Wasserbaugesellschaft m. b. H., Wiesbaden).

Die der mechanischen Reinigung des Abwassers dienenden Frischwasseranlagen lassen sich in folgende zwei Gruppen einteilen:

1. Anlagen mit selbsttätiger Schlammabscheidung in einen darunter angeordneten Schlammzersetzungsraum; hierher gehören u. a. das System Imhoff (Abb. 17, 41 bis 46), das System Travis (Abb. 18 und 47) und das System Kremer-Imhoff (Abb. 19 und 48).

2. Anlagen, in denen meistens einmal am Tage der abgeschiedene Schlamm durch einen verhältnismässig einfachen Bedienungsvorgang (mit Handbetrieb) aus dem Absitzraum entfernt wird; hierher gehören das System Kremer mit Abstreichvorrichtung (vgl. Apparat II auf Abb. 19), das System Fidler, das System Grimm, das System Kremer mit Schlammzylinder (Abb. 54) und das Neustadter Doppelbecken (Abb. 57).

Abbildung 19.

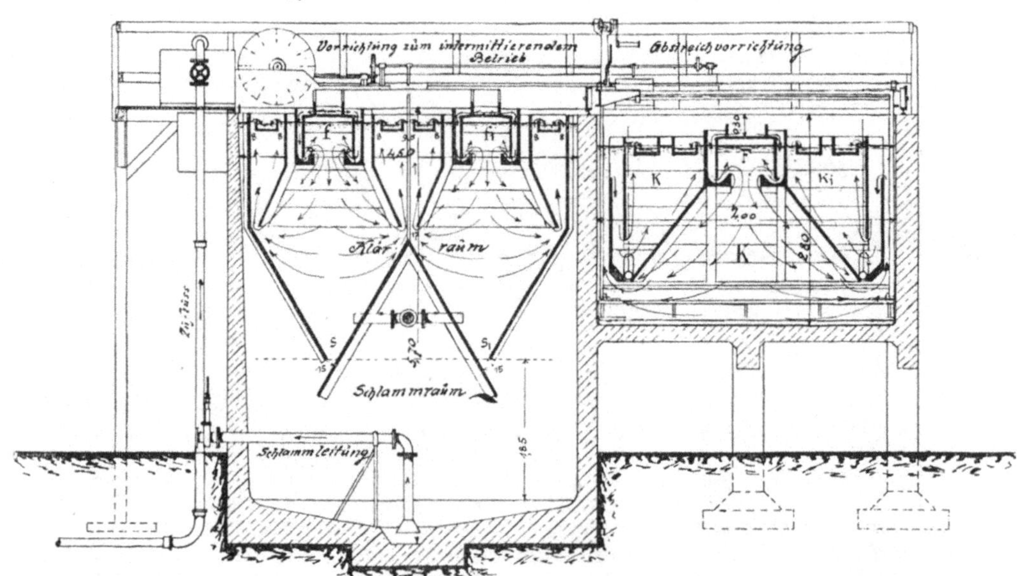

Versuchsanlage der Königl. Prüfungsanstalt für Wasserversorgung und Abwässerbeseitigung, Berlin. Apparat I System Kremer-Imhoff, Apparat II System Kremer mit Abstreichvorrichtung. Der in Apparat II anfallende Schlamm wird in den seitlich gelagerten Schlammzersetzungsraum, der auf der Abbildung aber nicht zu sehen ist, einmal am Tage abgeschoben[1]).

Die erwähnten Frischwasserverfahren sind teils als Becken-, teils als Brunnenanlagen ausgebildet. Sie alle hier zu beschreiben, würde zu weit führen; vgl. deshalb u. a. (77) und (85), woselbst die Systeme auch im Bilde dargestellt sind.

Turmanlagen, also Rothe-Röckner- und Klärkessel- (System Merten-) Anlagen, die gleichfalls zu den Frischwasseranlagen zu rechnen sind, haben zur mechanischen Reinigung von Anstaltsabwässern, also als reine Absitzanlagen, Anwendung bislang nicht gefunden. Bezüglich der Verwendung chemischer Zuschläge bei Turmanlagen sei auf das auf S. 33 Gesagte verwiesen.

---

1) Vgl. Zahn, C., und Reichle, K., Mitteilungen aus der Kgl. Prüfungsanstalt für Wasserversorgung und Abwässerbeseitigung zu Berlin. Heft 10. Verlag A. Hirschwald, Berlin.

Absitzanlagen sind im übrigen Feinentschlammungsanlagen; sie vermögen alle ungelösten Stoffe, die schwerer oder leichter als das Abwasser sind, zur Ausscheidung zu bringen. Die schweren Stoffe gelangen als Sinkschicht und die leichteren Stoffe als Schwimmschicht zur Abscheidung. Die ungelösten Stoffe, welche das gleiche spezifische Gewicht wie das Abwasser haben, werden beim Sedimentierungsvorgang teils passiv mitgerissen und kommen so auf rein mechanischem Wege gleichfalls noch zur Ausscheidung, teils bleiben sie in der Flüssigkeit schweben, gelangen also auch bei längerem Stehen nicht mehr zur Abscheidung. Die Menge dieser „praktisch nicht ausscheidbaren Stoffe“ betrug bei den Cölner und Frankfurter Versuchen 50 mg pro Liter. Durch Einbau von

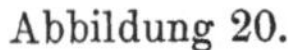
Abbildung 20.

Einbau von Kolloidfängern (System Dr. Travis) in Frischwasserräume.

Kolloidfängern (Abb. 20) in Frischwasserräume sucht Travis einen erhöhten mechanischen Reinigungserfolg zu erzielen. Derartige Einrichtungen haben für Anstaltskläranlagen des öfteren praktische Verwendung gefunden (Abb. 18). Die Nachrichten lauten nicht ungünstig; etwas Abgeschlossenes lässt sich zurzeit aber noch nicht sagen.

In mechanischen Kläranlagen können im allgemeinen sämtliche, im Anstaltsbetriebe anfallende Abwässer abgeleitet werden, sofern die behandelten Abwässer entweder dem Vorfluter direkt oder natürlichen biologischen Reinigungsanlagen zugeführt werden. Bei Zufuhr der Abwässer zu künstlichen biologischen Verfahren ist dagegen Vorsicht geboten. Vgl. hierüber das auf S. 50 Gesagte; bezüglich der Bedeutung des Regenwassers s. S. 26.

Der Reinigungserfolg von Absitzanlagen wird ermittelt einmal durch Bestimmung der im Rohwasser und im Reinwasser enthaltenen ungelösten Abwasserbestandteile. Es geschieht dies entweder durch die Schleudermethode von Dost[1]) oder in Absitzgläsern (vgl. Abb. 21) unter Berücksichtigung des Wassergehaltes der ausgeschiedenen Stoffe. Bei der Kontrolle von Absitzanlagen sind zweitens der Geruch und der eventuelle Schwefelwasserstoffgehalt des Roh- und Reinwassers zu prüfen, und die Menge der in der Anlage abgeschiedenen Schlammstoffe ist fortlaufend zu messen. Von Zeit zu Zeit ausgeführte analytische Untersuchungen des Roh- und Reinwassers (vgl. S. 67) bilden die notwendige Ergänzung zu den zuerst erwähnten, unter Umständen

Abbildung 21.

Absitzkontrolle im Emschergebiet für die mechanische Wirkung der Anlagen; links befindet sich das unbehandelte, rechts das in Emscherbrunnen behandelte Abwasser. Die Höhe des Schlammabsatzes in den Gläsern wird nach zweistündiger Ruhe der Proben abgelesen (27).

täglich vorzunehmenden Ermittelungen. Dabei ist zu beachten, dass die Herausrechnung bestimmter Reinigungsprozente natürlich nur dann zulässig ist, wenn sogenannte korrespondierende Proben (S. 68) vorliegen.

3. Die mit chemischen Zuschlägen arbeitenden Anlagen.

Die der mechanischen Reinigung dienenden Anlagen, und zwar die Becken-, Brunnen- und Turmanlagen, finden auch zur chemischen Klärung der Abwässer Verwendung; notwendig ist nur, dass die für die Zubereitung, Aufgabe und Vermischung der zur Fällung benutzten Lösungen bzw. Anreibungen

1) Dost, Mitteilungen aus der Kgl. Prüfungsanstalt für Wasserversorgung und Abwässerbeseitigung. Heft 8.

erforderlichen Vorrichtungen (Kohlemühlen, Rührbehälter, Mischgerinne usw.) bei denselben vorgesehen werden.

Die bei der chemischen Klärung empfohlenen Zuschläge bewirken meistens nur eine Ausscheidung der ungelösten Abwasserbestandteile und vermögen dem Abwasser seine Fäulnisfähigkeit nicht zu nehmen. Nur Eisensalze wirken etwas weitergehender, und das Kohlebreiverfahren allein nimmt dem Abwasser bei Verwendung genügender Zuschlagsmengen seine Fäulnisfähigkeit. Die chemische Klärung des Abwassers spielt zurzeit (nicht ganz mit Recht) eine untergeordnetere Rolle; der Klärerfolg befriedigt entweder nur wenig, oder das Verfahren erfordert hohe Betriebskosten, und die Lösung der Schlammfrage ist dabei oft nicht leichter, sondern schwerer geworden. Enthält ein Abwasser z. B. aber viele Seifenstoffe und ist eine Landbehandlung nach Lage der Verhältnisse nicht möglich, so stellt die chemische Klärmethode das einzige Reinigungsverfahren dar, das zurzeit zur Anwendung empfohlen werden kann, sofern man weitergehende Kläreffekte erzielen will. Bei allen mit chemischen Zuschlägen arbeitenden Verfahren ist zu beachten, dass die geklärten Abwässer überschüssige Chemikalienmengen enthalten, die unter Umständen eine Schädigung der Vorflut zu bewirken vermögen. Für die gute Wirkung chemischer Kläranlagen ist es notwendig, dass die Qualität und Quantität des zu behandelnden Abwassers im Laufe des Betriebes nur wenig wechselt. Regenwasser sollte deshalb von derartigen Kläranlagen prinzipiell ferngehalten werden. Die in Anstalten anfallenden Abwasserarten bereiten bei der chemischen Klärung im allgemeinen keine besonderen Schwierigkeiten; nur die in Viehställen entstehenden „Abwässer“ dürfen einer chemischen Kläranlage ohne weiteres nicht zugeführt werden. Diese Abwässer muss man entweder mit reinem Wasser auf etwa die doppelte bis dreifache Menge verdünnen, oder auf andere Weise (z. B. landwirtschaftlich) beseitigen.

Da in Anstalten frische Abwässer anfallen, die in dieser Form eigentlich allein mit chemischen Zuschlägen wirksam zu behandeln sind, so erscheint die chemische Klärung des Abwassers, an sich betrachtet, z. B. zur Erzielung weitgehender mechanischer Erfolge, hier besonders geeignet. Besteht die Hauptmasse der Abwässer aus Seifenwässern und ist die Behandlung auf Land nicht anwendbar, so kann die chemische Klärmethode zur Reinigung von Anstaltsabwässern nach dem Gesagten also nicht entbehrt werden. Sofern rein häusliche Abwässer aber anfallen, so dürfte das biologische Verfahren schon mit Rücksicht auf die Kostenfrage dem chemischen Verfahren ohne weiteres vorzuziehen sein.

Das Rothe-Degenersche Kohlebreiverfahren (Abb. 22) nimmt wegen des durch dasselbe zu erzielenden Reinigungserfolges — Erzielung eines fäulnisunfähigen Klärproduktes bei Verwendung ausreichender Mengen von Zuschlägen — und bei der verhältnismässig bequemen Art der Schlammbeseitigung (durch Verbrennen) unter den chemischen Klärverfahren eine besondere Stellung ein. Feingemahlene Braunkohle oder ein Gemisch von Braunkohle und Steinkohle, ferner Torf und schwefelsaure Tonerde dienen bei ihm als chemische Klärmittel, und die Reinigung der Abwässer wird in sogenannten Frischwasserkläranlagen (S. 27) ausgeführt. Braunkohle, Steinkohle und Torf absorbieren die sog. gelösten fäulnisfähigen Abwasserbestandteile, und die Tonerde bewirkt ihre nachherige Ausscheidung.

Der Behandlung des Abwassers mit Chemikalien hat eine Zertrümmerung der ungelösten Stoffe vorauszugehen. Es geschieht dies durch Grobreiniger, beim Heben des Wassers gegebenen Falles auch durch die Pumpenanlage. Jedem Kubikmeter Abwasser sind $1^1/_2$ bis 3 kg Braunkohle und 200—350 g

Abbildung 22.

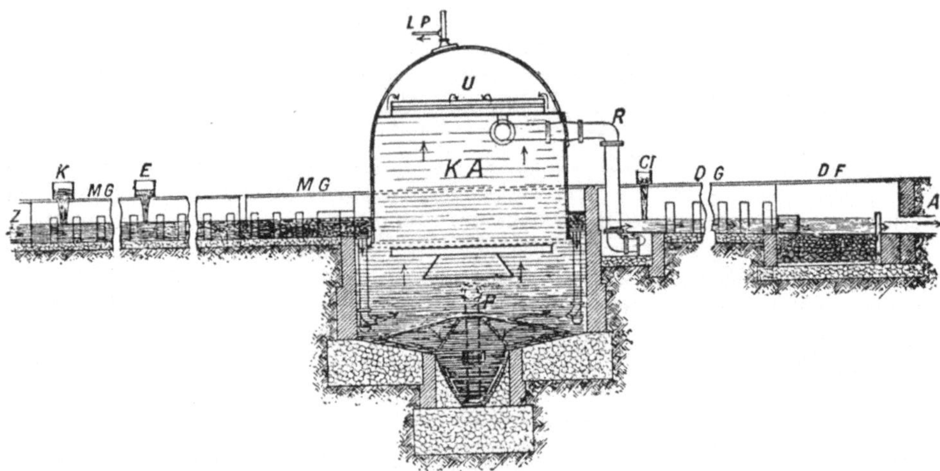

Kohlebreianlage, schematisch. Z = Zulauf; MG = Mischgerinne; K = Kohlezulauf; E = Tonerdezulauf; KA = Klärturm (Rothe-Röckner-Turm); U = Ueberlauf für das behandelte Wasser; LP = Luftpumpe; Cl = Chlorkalkzusatz; DG = Desinfektionsgerinne; DF = Desinfektionsfilter (Sicherheitsfilter); A = Ablauf.

Abbildung 23.

Kohlebreianlage der Landesheil- und Pflegeanstalt Uchtspringe. Klärapparat von 3 m Durchmesser; Leistung pro Stunde bis rund 20 cbm bzw. pro Tag 200 cbm Abwasser.

Tonerde zuzusetzen. Die Aufenthaltsdauer des Abwassers in der Kläranlage ist dabei auf etwa 4 Stunden zu bemessen (Abwassergeschwindigkeit nicht über 1 mm/sec), Schlamm kann bis 25 l für jedes Kubikmeter Abwasser anfallen, und die Betriebskosten können pro Kopf und Jahr 1,5 bis 3 M. betragen. Anstalten, die das Kohlebreiverfahren zur Zeit benutzen, sind die Landesheil- und Pflegeanstalt Uchtspringe (vgl. Abb. 23) und die Knappschaftsheilstätte Sülzhayn bei Ellrich im Harz.

Die Kontrolle der mit chemischen Zuschlägen arbeitenden Verfahren erstreckt sich auf die Bestimmung der ungelösten Abwasserbestandteile des Roh- und Reinwassers und auf die äussere Beschaffenheit der frischen und der 10 Tage lang bei Zimmertemperatur aufbewahrten Proben (s. S. 52). Auf eventuell auftretende Ausscheidungen ist hierbei besonders zu achten, und die Bestimmung der ungelösten Stoffe ist gegebenen Falles nach Ablauf der 10 Tage zu wiederholen. Im übrigen sei auf S. 67 verwiesen.

B. Die biologischen Abwasserreinigungsanlagen.

Kläreinrichtungen, bei denen die Abwasserbehandlung teils primär, teils sekundär durch biologische Vorgänge bewirkt wird, vermögen ein Schmutzwasser vollständig zu reinigen, demselben seine fäulnisfähigen Verbindungen also derartig weitgehend zu nehmen, dass es dabei fäulnisunfähig geworden ist. Die zu den biologischen Verfahren zu rechnenden einzelnen Reinigungsmethoden sind in ihrer praktischen Leistungsfähigkeit im übrigen aber weit auseinandergehend; ebenso verschieden ist die Art ihrer Durchbildung. Eine Uebersicht hierüber gibt die nachstehende Aufstellung, zu der zu bemerken ist, dass in der Praxis Uebergänge im einzelnen naturgemäss des öfteren vorzukommen pflegen.

I. Behandlung des Abwassers ohne Verwendung fester Materialien:
   1. Zersetzung des Abwassers unter Auftreten von offensiv wirkenden Fäulnisprodukten in geschlossenen oder offenen Behältern: Faulanlagen;
   2. Zersetzung des Wassers wie vor, jedoch ohne Auftreten von offensiv wirkenden Fäulnisprodukten:
      a) bei Verwendung von Nitraten: Nitratverfahren von Weldert;
      b) bei entsprechender Verdünnung des Abwassers mit Reinwasser in sog. Fischteichen (Hofer-München).

II. Behandlung des Abwassers unter Verwendung von Materialien:
   1. in natürlichen Materialien, d. i. im gewachsenen Boden: natürliche biologische Anlage:
      a) Oberflächenbehandlung unter gleichzeitiger landwirtschaftlicher Ausnutzung des Bodens:
         α) durch Ueberstauen: Rieselanlagen;
         β) durch Uebersprengen: „Benöbelung";
      b) Oberflächenbehandlung ohne gleichzeitige landwirtschaftliche Ausnutzung: Intermittierende Filtration;
      c) unterirdische Behandlung: Untergrundberieselung;
   2. in künstlich aufgebauten Materialien: künstliche biologische Anlagen:
      a) Einstauen des Abwassers im Material: Füllanlagen;
      b) Durchtropfen des Materials: Tropfanlagen.

Im nachstehenden werden diese einzelnen Unterarten der biologischen Abwasserreinigungsverfahren aus praktischen Gründen in etwas anderer Reihenfolge besprochen werden.

1. Die Faulanlagen.

Faulanlagen sind Beckenanlagen, in denen im Gegensatz zu den auf S. 30 erwähnten Frischwasserkläranlagen die abgeschiedenen Schlammstoffe von Monat zu Monat entfernt oder auch so lange belassen werden, bis der mechanische Erfolg der Anlage nachzulassen beginnt. Der in den Becken aussedimentierende Schlamm geht dabei in Fäulnis über, das den Raum durchfliessende frische Abwasser wird durch den in den Becken vorhandenen fauligen Schlamm ebenfalls faulig, und seine organischen Verbindungen werden dadurch verändert und abgebaut. Die aus der Faulanlage austretenden Abwässer sind bei einer richtigen Faulraumanlage von ungelösten Stoffen wenigstens ebenso weitgehend befreit wie beim Absitzverfahren, sie enthalten aber übelriechende Verbindungen, darunter geringere oder grössere Mengen von Schwefelwasserstoff, ferner Schwefeleisen in Suspension und in kolloidaler Lösung. Hand in Hand mit dem Abbau und der Reduktion der organischen stickstoffhaltigen Verbindungen (teilweise zu Ammoniak) und der organischen Schwefelverbindungen sowie der Sulfate (teilweise zu Schwefelwasserstoff), aber an sich unabhängig von dem Begriffe der Fäulnis, setzt eine Sumpfgasgärung ein, durch die der

Abbildung 24.

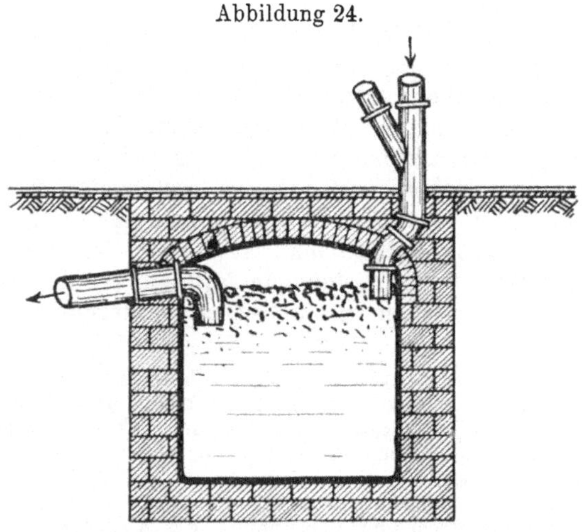

Fosse Mouras. (La vidangeuse automatique.);
Einkammeriger, schwer zugänglicher Faulraum aus dem Jahre 1860; Fallrohr und Ableitungsrohr zu wenig in das Wasser eintauchend; Entlüftungseinrichtungen fehlen.

am Boden lagernde, faulende Schlamm in Form von Fladen an die Oberfläche steigt, um nach erfolgtem Gasaustritt wieder zu Boden zu sinken. Nach kürzerer oder längerer Zeit entsteht eine zusammenhängende Schwimmdecke, die je nach der Menge der zugeführten ungelösten Stoffe, und je nachdem viel oder wenig Luft und Licht an die Decke herankommt, verschiedenen Veränderungen unterworfen ist. Als erstes Faulraumverfahren können die um die Mitte des vorigen Jahrhunderts zur Abwasserbehandlung empfohlenen Fosses Mouras (vgl. Abb. 24) angesehen werden. Heute stellen die Faulraumanlagen ausserordentlich häufig angewandte Verfahren dar, die als Vorreinigung rein häuslicher wie städtischer und gewerblicher Abwässer Verwendung gefunden haben.

Die Abnahme der ungelösten Stoffe beträgt in Faulbecken etwa 60 bis 70 pCt.; die sogenannten gelösten fäulnisfähigen Stoffe nehmen, nach dem organischen Stickstoff und nach dem Kaliumpermanganatverbrauch beurteilt, um etwa 30 pCt. ab. Eine vollständige Fäulnisunfähigkeit der Abwässer wird in den gebräuchlichen (durchflossenen) Faulräumen, auch bei vieltägiger Aufspeicherung (Abb. 26), im allgemeinen also nicht erreicht. Es rührt dies daher, dass das stets neu hinzukommende fäulnisfähige frische Abwasser dem in den Faulräumen bereits vorhandenen, mehr oder weniger ausgefaulten

Abbildung 25.

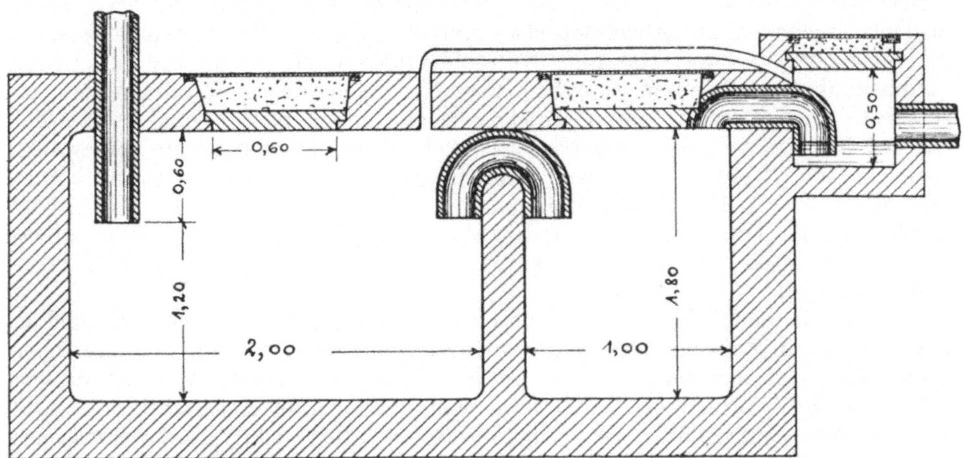

Bordeaux-Grube, Hauskläranlage auf dem Faulprinzip beruhend; verbessertes System Mouras aus den achtziger Jahren des vorigen Jahrhunderts (1882). Eine Entlüftung ist jetzt vorgesehen; auf die Schwimmdeckenbildung ist aber immer noch nicht genügend Rücksicht genommen worden.

Abbildung 26.

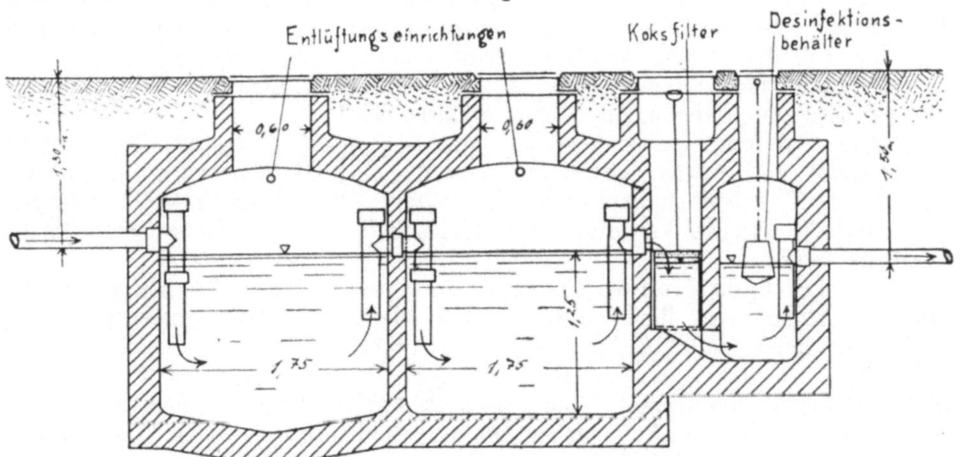

Neuzeitliche Faulraumanlage System Zenker & Quabis, Breslau.

Abwasser immer wieder neue Faulstoffe zuführt und den Faulrauminhalt deshalb nie zur völligen Ausfaulung kommen lässt. Durch Schaffung nicht durchflossener Faulräume, also durch getrennte Aufspeicherung eines bestimmten Abwasserquantums und nachheriger direkter Ableitung ist nach Thumm Aussicht vorhanden, durch alleinige Wirkung des Faulprozesses fäulnisunfähige Abflüsse in praktischem Betriebe zu erzielen. Derartige Abflüsse sind aber frei von Sauerstoff, im übrigen stark sauerstoffzehrend und deshalb z. B. den durch künstliche biologische Körper gereinigten Abwässern in ihrem Reinheitsgrade nachstehend.

Zur Erzielung fäulnisunfähiger Abwässer lediglich durch Faulprozesse erscheinen mehrere Wege gangbar. Entschlammung in Frischwasseranlagen, alsdann Verdünnen der Abwässer etwa mit der gleichen Menge reinen Wassers und nachherige, etwa 10 tägige Aufspeicherung kann z. B. zur Erlangung fäulnisunfähiger Abwässer führen. Versuche nach dieser Richtung hin erscheinen aussichtsreich, wenn dabei erwogen wird, dass einmal viele Rohwässer in verschlossener Flasche, also ebenfalls für sich allein aufbewahrt, fäulnisunfähig werden, und dass zweitens auch bei der getrennten Schlammfaulung (s. S. 60) eine Fäulnisunfähigkeit des Abwassers in der Praxis erreicht werden kann. Durch Zusatz von Nitraten[1]) könnte im übrigen, ohne allzugrosse Mehrkosten, der Zersetzungsvorgang gegebenenfalls noch günstiger gestaltet werden.

Bei rein häuslichen, insbesondere also bei Anstaltsabwässern, beobachtet man in den in der üblichen Weise betriebenen, also in den durchflossenen Faulbecken fast nur eine Schwimmschicht; in dem Masse, in dem Strassenwässer u. dgl. hinzutreten, findet man eine Trennung in eine Schwimmschicht und in eine Sinkschicht; bei Strassenwässern allein sind in durchflossenen Faulräumen fast nur Sinkstoffe vorhanden.

Der in Faulbecken anfallende Schlamm ist übelriechend, so lange er im Faulraum zusammen mit dem fauligen Abwasser sich befindet. Nach erfolgter Drainierung riecht derartiger Schlamm aber nur noch modrig und gleicht in abgetrocknetem Zustande etwa der Gartenerde. Die oberen Partien der Schwimmdecke, die mit Abwässern ebenfalls nicht in direkte Berührung kommen, haben schon undrainiert diesen Modergeruch. Der Schlamm wird bei seinem Verweilen im Faulraum wasserärmer, sein Volumen nimmt also ab. Ein Teil der organischen Stoffe wird gleichzeitig „verzehrt“; die in Faulräumen anfallende Schlammmenge ist also geringer als diejenige, die in Absitzanlagen (vgl. die Tabelle auf S. 26) erhalten wird.

Die Faulraumgase bestehen aus Sumpfgas, Stickstoff, Wasserstoff, Kohlensäure und etwas Schwefelwasserstoff. Das Gasgemenge ist brennbar; mit der Luft entstehen explosible Mischungen. Bei überdeckten Faulräumen darf deshalb zwecks Verhütung von Unglücksfällen mit offener Lampe nicht gearbeitet werden.

Faulanlagen sind so gross zu bemessen, dass das Abwasser sich etwa 24 Stunden in ihnen aufhält. Bei kleineren Abwassermengen ist die Aufenthaltsdauer auf $1^1/_2$ bis 2 Tage zu erhöhen. Für die Bemessung der Faulräume ist dabei der Umstand massgebend, wie lange der Schlamm in diesen Räumen lagern soll. Bei Anstaltskläranlagen rechnet man am besten mit einer einjährigen Aufspeicherung des Schlammes in den Faulräumen, legt dabei 0,2 bis 0,25 l Schlammanfall pro Kopf und Tag zugrunde und sieht ausserdem noch ein etwa ein- bis zweitägiges Verweilen des Abwassers im Faulraum vor. Bei ungleichmässigem Abwasseranfall ist bei der Bemessung der Faulräume auch noch die Möglichkeit der Aufspeicherung des Abwassers vor-

---

1) Nitratverfahren nach Weldert. Vgl. Mitteil. aus der Königl. Prüfungsanstalt für Wasserversorgung u. Abwässerbeseitigung. 1910. Heft 13.

zusehen. Unbeschadet des Klärerfolges können Faulräume im übrigen noch reichlicher bemessen werden, da auch sog. „überfaulte“ Abwässer sich z. B. in richtig angelegten künstlichen biologischen Anlagen noch reinigen lassen.

Hochkonzentrierte Abwässer, z. B. Abwässer aus Massenklosetts (vgl. das auf S. 5 gegebene Beispiel), werden am besten mit reinem Wasser auf etwa 50—60 l pro Kopf und Tag verdünnt, ehe sie Faulraumanlagen zugeführt werden. Dieses hat vor allem dann zu geschehen, wenn sich an die Faulraumbehandlung eine Behandlung des Abwassers in künstlichen biologischen Körpern anschliessen soll. Die Bemessung der Faulräume erfolgt in diesem Fall sinngemäss wie für dünnere Abwässer. In dem aufgeführten Beispiele (250 Mann) wären also je 17 l Abwasser auf etwa 60 l mit reinem Wasser zu verdünnen. Der Gesamtabwasseranfall beträgt alsdann ($250 \times 60 =$) 15 cbm täglich und der Schlammanfall ($250 \times 0{,}25 \times 300 =$) rund 20 cbm im Jahre. Die Faulräume müssten also in dem betreffenden besonderen Falle etwa 50 cbm Fassungsraum aufweisen.

Faulanlagen sind mindestens zweiteilig anzulegen; die erste Abteilung, die zweckmässig wenigstens doppelt so gross wie die zweite vorgesehen wird, dient der Schlammzersetzung und Schlammspeicherung und die zweite (kleinere) Abteilung der Zurückhaltung der aus der ersten Abteilung stammenden, durch die Zellulosegärung mit hinübergerissenen ungelösten Abwasserbestandteile. Bei der Bemessung der ersten Abteilung ist aber zu beachten, dass nicht nur der ganze Schlamm, sondern auch noch genügend Abwasser, das zur richtigen Schlammzersetzung notwendig ist, Aufnahme zu finden hat. In dem vorstehenden Beispiele ist also der Fassungsraum der ersten Abteilung wenigstens 35 cbm gross und der der zweiten Abteilung etwa 15 cbm gross anzulegen, falls gleichzeitig nicht auch noch eine Aufspeicherung bei ungleichmässigem Abwasseranfall in Rechnung zu stellen ist.

Die Entnahme des Wassers hat aus der mittleren Wasserschicht zu erfolgen (vgl. z. B. Abb. 26 und 27). Die Ein- und Ausläufe sind dementsprechend anzuordnen. Ein- und Ausläufe, wie sie z. B. in Abb. 24 und 25 dargestellt sind, sind fehlerhaft. Auf eine sachgemässe Ableitung der entstehenden Faulraumgase ist besonders Bedacht zu nehmen.

Zwecks Vermeidung von Geruchsbelästigungen und Verhinderung der Fliegenplage sind bei Anstalten die Faulbecken stets überdeckt anzulegen. Massive Decken sind wegen der Schwierigkeit der Schlammausräumung im allgemeinen nicht zu empfehlen; besser ist ein einfacher Bohlenbelag, durch den die Möglichkeit der Schlammbeseitigung an allen Stellen des Faulraums ohne weiteres gegeben ist. Da in Anstaltskläranlagen vorwiegend nur Schwimmdecken sich bilden, so ist in konstruktiver Beziehung auf deren bequeme Beseitigung besonders Bedacht zu nehmen. Bei Anstaltskläranlagen müssen im übrigen die hintereinander geschalteten beiden Faulbecken derartig angeordnet werden, dass jede Faulraumabteilung im Bedarfsfalle auch einmal für sich allein betrieben werden kann.

Die Beseitigung des Schlammes aus den Faulräumen kann, wenn diese eingearbeitet sind, nach Bedarf erfolgen, also entweder fortlaufend, von Monat zu Monat, oder auch nur zur Winterszeit, also Ende Herbst und vor Beginn des Frühjahrs. Faulraumschlamm ist im übrigen landwirtschaftlich wertvoller als frischer Schlamm; dem Stalldünger ist er an Dungwert natürlich nachstehend. Wo Stalldünger in genügender Menge in Anstalten vorhanden ist, liegt kein besonderer Grund zur landwirtschaftlichen Verwertung des Faulraumschlammes vor; dieser wird vielmehr am einfachsten dann nach

Birminghamer Art (vgl. Abb. 16) durch Beerdigen in Landfurchen beseitigt. Zu diesem Zwecke werden (am einfachsten mit dem Pflug) parallel laufende, horizontale, 20 cm breite und ebenso tiefe Gräben in Entfernungen von etwa 1,5 m angelegt, der Schlamm wird eingelassen und nach wenigen Tagen mit der aus den Gräben stammenden, auf dem Beetrücken lagernden Erde zugedeckt. Nach einiger Zeit kann das so gedüngte Feld umgepflügt und landwirtschaftlich bestellt werden.

Bei Anstalten sind Faulräume, an sich betrachtet, die gegebene Vorreinigung für die natürlichen und künstlichen biologischen Reinigungsverfahren. Auch für die Abwasserreinigung kleiner Orte empfiehlt sich die

Abbildung 27.

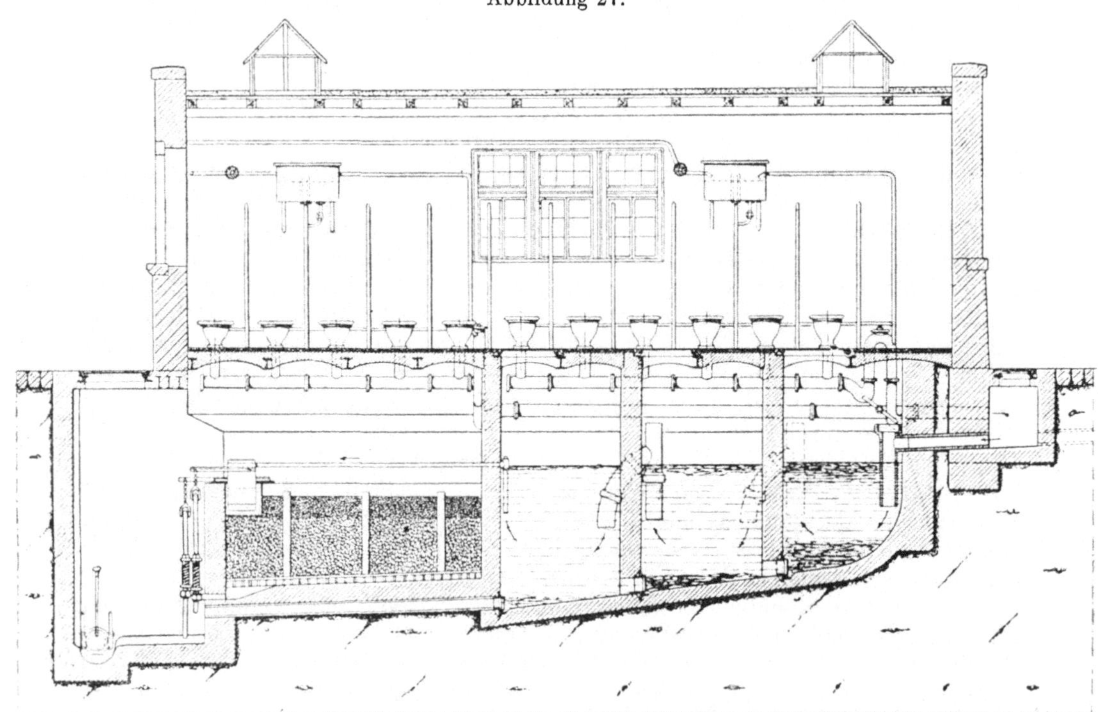

Biologische Kläranlage für die Abortanlage einer grösseren Lehranstalt mit Beschickungs- und Entleerungsvorrichtung System Schumann (Worms). Der biologische Körper ist durch eine Längswand in zwei Abteilungen geteilt; Querwände fehlen (in der Abbildung sind drei Pfeiler, die lediglich der Versteifung dienen und den Körper nicht etwa durchsetzen, zu sehen.)

Anwendung von Faulräumen zur Vorbehandlung der Abwässer, sofern dabei das Auftreten von unangenehmen Gerüchen zu keinen Belästigungen führt. Für die gute Wirkung von künstlichen biologischen Anlagen ist es im übrigen gleichgültig, ob das Abwasser diesen in frischem oder in vorgefaultem Zustande zufliesst.

Faulräume sind vor ihrer Inbetriebnahme mit reinem Wasser anzufüllen. Der Betrieb der Räume ist bei sachgemässer Anordnung der denkbar einfachste. Man hat eigentlich nichts weiter zu tun, als von Zeit zu Zeit (s. oben) die Schwimmdecke zu entfernen. Die Abwässer fliessen den Faulräumen ohne weitere Vorbehandlung (ohne grobe Vorreinigung) zu. Beim Vorhandensein nicht allzu grosser Mengen von Wäschereiabwässern gewährleistet die Grösse der Becken eine Vermischung der verschiedenen Abwasserarten, und eine entsprechende Schieberdrosselung am Ablauf der Faulbecken (s. Abb. 5) oder die Wahl einer entsprechend eng gewählten Abflussleitung (vgl. Abb. 27) sorgt dafür, dass nicht mehr Abwasser abfliesst, als beabsichtigt wird. Von grossem Nachteil ist dagegen, dass das abfliessende Abwasser unangenehm riecht. Bei der Ableitung der Abwässer ist deshalb jedes Abstürzenlassen, wobei die übelriechenden Gase entweichen und zu Geruchsbelästigungen Veranlassung zu geben vermögen, zu vermeiden. Bezüglich weiterer Vorsichtsmassregeln vgl. S. 50.

Bezüglich des Anfalls grösserer Mengen von Wäschereiabwässern vgl. das auf S. 8 Gesagte. Die in einer Enteisungsanlage anfallenden, viel Eisenschlamm enthaltenden Waschwässer sind von Faulräumen fernzuhalten und nach mechanischer Behandlung für sich zu beseitigen. Die in Anstalten sonst noch in Frage kommenden Abwasserarten vermögen die Faulraumbehandlung nachteilig nicht zu beeinflussen. Reine Wässer, also z. B. Regenwässer, werden im allgemeinen von Faulanlagen besser ferngehalten oder (z. B. bei Schulen in den Ferien) erst der zweiten oder dritten Abteilung des Faulraumes zugeführt.

Das Faulverfahren kann im übrigen nach Dunbar auch als Vorreinigung für Desinfektionsanlagen (s. S. 19) benutzt werden.

Faulanlagen sind ebenso wie Absitzanlagen in erster Linie hinsichtlich ihrer mechanischen Leistung zu kontrollieren. Dazu kommen weiter die Ermittelung der äusseren Beschaffenheit der Abwässer und ihres Schwefelwasserstoffgehaltes, ferner die üblichen analytischen Feststellungen (vgl. S. 67). Die in den Faulanlagen sich ansammelnden Schlammengen sind ausserdem fortlaufend zu messen, damit einer Schlammanhäufung durch Schlammbeseitigung rechtzeitig vorgebeugt werden kann. Am sichersten wird eine Schlammanhäufung im praktischen Betriebe dadurch verhütet, dass die Becken jedes Jahr ein- oder auch zweimal (zur Winterszeit) von der Hauptmenge des angesammelten Schlammes befreit werden.

2. Fischteichanlagen.

Die Anlage von Fischteichen zur Abwasserreinigung ist von Hofer-München eingehend geprüft, und zahlreiche Anlagen sind daraufhin in Bayern errichtet worden (85). Eine schöne Versuchsanlage befindet sich in Strassburg i. Els. Zur Anlage eines Fischteiches findet entweder eine natürliche Terrainmulde Verwendung, oder die Fischteiche werden durch Schüttung von Dämmen, die dem Terrain aufgesetzt werden, hergestellt. Die Fischteiche werden zweckmässig mehrteilig angelegt. Die besten Ergebnisse liefern kleine etwa $^1/_5$—$^1/_2$—1 ha grosse Teiche, die etwa 50 bis 150 cm tief sind (28). Die mit mässigem Gefäll des Teichbodens hergerichteten Teiche müssen ganz ablassbar und trockenlegbar sein. Am Teichablauf ist ein sog. Mönch als Ablaufvorrichtung anzuordnen. Nach sorgfältiger Herstellung der Dämme soll erst nach Verlauf mehrerer Monate die Teichanlage gestaut, d. h. mit reinem Wasser angefüllt werden. Die Teichränder sind, insbesondere an der Zuleitungsstelle für das Abwasser, mit Schilf und anderen Wasserpflanzen zu bepflanzen; die Dämme und Teichböschungen werden am besten mit Weiden bepflanzt. Ein dichter Windschutz, wie er für künstliche biologische Anlagen notwendig ist, ist für Abwasserteiche weniger zu empfehlen, da dadurch die Wasserbewegung und damit die Vermischung des Abwassers mit dem Teichwasser gestört bzw. ungünstig beeinflusst werden kann. Für gute Verteilung des Abwassers in den Teichen sind Vorkehrungen zu treffen; die Zuleitung des Abwassers zu den Teichen hat deshalb von möglichst vielen Stellen aus zu geschehen.

Ehe das Abwasser den Teichen zugeführt wird, ist dasselbe zunächst tunlichst weitgehend zu entsanden, zu entfetten und zu entschlammen. Da das Abwasser den Teichen in frischem Zustande zuzuführen ist, erfolgt die Vorbehandlung der Schmutzwässer am besten in einer Frischwasserkläranlage. Nach dieser Vorbehandlung sind die Schmutzwässer mit reinem Wasser zu verdünnen, worauf sie der Teichanlage zufliessen dürfen. Die Menge des Verdünnungswassers hat sich nach der Konzentration der Abwässer zu richten; Abwässer von etwa mittlerer Konzentration bedürfen einer etwa 5 fachen Verdünnung durch Reinwasser. Wichtig scheint es zu sein, dass das reine Wasser den Teichen sowohl am Tage wie auch in der Nacht, wo weniger oder kein Abwasser anfällt, zufliesst. Praktisch wird dieses dadurch erreicht, dass das reine Wasser, ein für allemal in seiner richtigen Menge eingestellt, den Teichen andauernd zufliesst; am Tage tritt das entschlammte Abwasser zu dem den Teichen zufliessenden Reinwasser gewissermassen automatisch dann hinzu.

Durch Zusammenwirken zahlloser Organismen wird bei richtiger Bewirtschaftung der Teiche die organische Substanz abgebaut und können gleichzeitig Karpfen gezüchtet werden, denen die niederen Organismen zur Nahrung dienen. Fäulnisvorgänge wesentlichen Umfangs dürfen sich in Fischteichen nicht abspielen; eine richtig betriebene Fischteichanlage gibt zu Geruchsbelästigungen deshalb auch keinen Anlass. Das Vorhandensein von Messvorrichtungen, die gestatten, sowohl die den Teichen zufliessende Abwasser- wie Reinwassermenge sorgfältig festzustellen, ist im übrigen die Voraussetzung für einen sachgemässen Betrieb der Teichanlage. Die Teiche müssen sich im übrigen einarbeiten, ehe von ihnen normale Reinigungserfolge erwartet werden dürfen. Um diese Einarbeitung zu fördern und in die richtigen Bahnen zu lenken, sind die Teiche mit niederen Tieren, die am besten benachbarten Gräben und Tümpeln entnommen werden, zu impfen. Diese Einarbeitung geschieht am besten im Frühjahr; das Jahr darauf können dann die Teiche mit zweisömmrigen Karpfen besetzt werden. Pro Hektar Teichfläche gibt man etwa 380 bis 400 Karpfen und etwa 145 Stück Schleie als Zusatzfische. Im Herbst wird dann abgefischt.

Abwasserteiche leisten nach Hofer quantitativ etwa das Gleiche wie die intermittierende Behandlung des Abwassers auf Land; sie sollen also pro Hektar Wasserfläche die Abwässer von etwa 1500 bis 2000 Personen zu reinigen vermögen. Quantitativ höhere Erfolge werden naturgemäss erzielt, wenn die Abwässer nicht nur mechanisch sondern auch noch durch Rieselfelder oder durch ein künstliches biologisches Verfahren vorbehandelt werden.

Fischteichanlagen kommen in Anstalten zur Nachbehandlung von Rieselfeldabflüssen und von biologischen Körperabflüssen, desgleichen auch von entschlammtem Frischwasser vielfach zur Anwendung. Auch die Abflüsse von Lungenheilstätten können nach dem Stande unserer Kenntnisse bei entsprechender sachgemässer Behandlung des Sputums (s. S. 14) derartigen Fischteichen unbedenklich überwiesen werden, da die Fische sich gegen den Tuberkelbazillus (Typus humanus und bovinus) als immun erwiesen haben[1]), und man von einer Uebertragung der Tuberkelbazillen von

1) Diese Angaben verdanke ich Herrn Prof. Dr. Schiemenz, Friedrichshagen bei Berlin.

Fischen[1]) auf Menschen nie etwas gehört hat. Die Tuberkelbazillen könnten in den Fischen im übrigen auch nur in der Mundhöhle und im Darme sich vorfinden; also in Organen, die vor dem Kochen entfernt oder doch wenigstens nicht mitgegessen werden. Krankheitskeime sollen im übrigen nach Hofer durch die ungeheure Menge von niederen, in den Teichen sonst noch vorhandenen Organismen mit ziemlicher Sicherheit vernichtet werden. Da die Mückenlarven eine wertvolle Nahrung für die Karpfen bilden, ist nach Forster eine Schnakenplage durch Fischteiche nicht zu erwarten; eher ist in gewissem Sinne umgekehrt anzunehmen, dass durch Anlage von Fischteichen eine Unschädlichmachung der Schnaken bewirkt wird.

Die Kontrolle von Fischteichanlagen erstreckt sich sowohl auf die Teiche selbst, wie auf die zur Vorreinigung der Abwässer benutzten Anlagen. Bezüglich der Kontrolle der letzteren vgl. die betreffenden Kapitel. Die Kontrolle von Fischteichen ist sowohl eine biologische wie eine chemische. Da es sich hier um das Züchten von Fischen handelt, spielt bei der chemischen Untersuchung des Wassers die Ermittelung des Sauerstoffsgehaltes (77) und der Sauerstoffzehrung naturgemäss eine besondere Rolle.

3. Die künstlichen biologischen Anlagen.

Hierunter versteht man im allgemeinen alle diejenigen Anlagen, in denen die Abwässer in künstlich aufgeschichteten, körnigen Materialien behandelt werden; aus solchen Materialien aufgebaute Körper bezeichnet man als „biologische Körper“. Ueber diese Körper kann nun das Abwasser in einzelne Strahlen oder Tropfen aufgelöst aufgebracht werden. Das Wasser durchtropft das Material und gelangt alsdann ohne Verzug zum Ablauf; derartige Körper nennt man „Tropfkörper“ und das Verfahren selbst bezeichnet man als „Tropfverfahren“ (vgl. z. B. Abb. 28). Wird das Wasser in dem Becken, in dem das Material untergebracht ist, aufgespeichert und erst nach Ablauf einiger Zeit wieder abgelassen, so spricht man von „Füllkörpern“ bzw. vom „Füllverfahren“ (vgl. z. B. Abb. 29 und 30). Die Einteilung der verschiedenen biologischen Anlagen erfolgt am besten also nach ihrem wesentlichen Bestandteil, dem biologischen Körper. Die früher geübte Einteilung in „Faulverfahren“ und „Oxydationsverfahren“, die also nach der Art der Vorbehandlung unterschied, wird besser nicht gebraucht (so treffend sie vielleicht auch sein mag), da sie oft zu Missverständnissen Veranlassung gegeben hat.

Die Vorgänge, die in den biologischen Körpern die Reinigung des Abwassers bewirken, und über die Dunbar eingehend berichtet hat (19), sind für die Praxis genügend klargestellt. Wird nach diesen bei der Anlage und dem Betriebe biologischer Körper verfahren, so ist man vor Misserfolgen sicher. Die biologischen Körper sind im übrigen baulich so zu gestalten, dass die Luft in alle Teile des Materials eindringen kann und zwar bei den Tropfkörpern andauernd und bei den Füllkörpern zeitweise (während der Zeit des Leerstehens). Der Betrieb der Körper ist derartig zu regeln, dass die denselben zugeführten Schmutzstoffe auch regelmässig verarbeitet werden. Die Abwässer müssen endlich so vorbehandelt werden, dass alle Stoffe, die das Organismenleben tiefergehend zu schädigen vermögen, von den Körpern ferngehalten werden. Dabei ist zu beachten, dass z. B. freies Chlor, das ent-

---

1) Die Bazillen der Kaltblütertuberkulose, die bei Fischen gefunden worden sind, sind nur auf Frösche, Blindschleichen usw. übertragbar (vgl. z. B. Flügge, Grundriss d. Hyg. 7. Aufl. S. 698).

weder infolge einer vorausgegangenen Desinfektion der Abwässer oder infolge Geruchlosmachung fauligen Abwassers in den Zuflüssen zu den biologischen Körpern vorhanden ist, in nicht zu grosser Menge den Reinigungserfolg eher günstig als ungünstig beeinflusst.

Die biologischen Körper haben sich im übrigen einzuarbeiten, ehe sie ihre volle Leistungsfähigkeit erlangt haben; bei den Füllkörpern geht dies langsam, bei den Tropfkörpern schnell. In Hotels, Sommerfrischen, Badeorten, auf Truppenübungsplätzen u. dgl. haben deshalb Tropfkörperanlagen Verwendung zu finden, sofern das Abwasser in den genannten Fällen nur zeitweise — während einiger Monate — anfällt, und der biologische Körper in der übrigen Zeit infolge Fehlens von Abwasser eine Beschickung nicht erfahren kann.

Füllkörper verschlammen bei längerem Betriebe; das Material muss, wenn man es wieder verwenden will, durch Waschen entschlammt und damit

Abbildung 28.

Biologische Tropfkörperanlage in der Provinzialirrenanstalt zu Plagwitz a. Bober (Septic-Tank-System; Gesellsch. f. Wasserversorgung u. Abwässerbeseit., Berlin). Tagesleistung der Anlage 40 cbm.

regeneriert werden[1]). Richtig angelegte und sachgemäss betriebene Tropfkörper verschlammen dagegen nicht; die abgebauten und die in den Körpern neugebildeten Schlammstoffe werden hier in regelmässigem Betrieb aus den Körpern ausgewaschen. Gelegentlich auftretendes intensives Zoogloeenwachstum kann nach englischen Feststellungen durch Chlorkalklösung bekämpft werden.

Das Füll- und das Tropfverfahren sind an sich betrachtet gleichwertig; jedes Verfahren hat aber seine Vorzüge (77). Mit dem natürlichen biologischen Verfahren verglichen, geben die biologischen Körper im Winter im allgemeinen die besseren Ergebnisse, während wieder Rieselfelder im Sommer besser arbeiten als künstliche biologische Anlagen.

---

1) Da die Verschlammung der Füllkörper in sachgemäss betriebenen Anlagen durch abgebauten Schlamm, der nicht weiter mehr zersetzt werden kann, bedingt wird, kann eine Ausserbetriebsetzung der Körper ihre Regenerierung nicht herbeiführen.

Abbildung 29.

Einstufige biologische Füllkörperanlage in dem Genesungsheim Hohenwiese bei Schmiedeberg im Riesengebirge (Septic-Tank-System; Gesellsch. f. Wasserversorgung u. Abwässerbeseit., Berlin). Tagesleistung der Anlage 60 cbm.

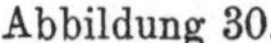

Abbildung 30.

Abwasserreinigungsanlage System Schweder für das Bad und die Gemeinde Bad Salzbrunn in Schlesien. Zweistufige Füllkörperanlage mit vorgeschaltetem Faulraum; im Frühjahr 1909 errichtet.

Die nachstehende Tabelle 4 enthält einige Angaben über den Bau biologischer Körper. In Anstalten kann an Stelle von Kesselrostschlacke oder Grubenkoks unter Umständen weniger widerstandsfähiges Material Ver-

Tabelle 4.

	Art des Materials	Korngrösse des Materials in mm	Materialhöhe in m	Materialmenge
Füllanlagen	Kesselrostschlacke oder Grubenkoks	3—10	1,0	für 1 cbm tägliches Abwasser von mittlerer Konzentration 2 cbm Material
Tropfanlagen		Walnussgrösse bzw. Faustgrösse	1,5 bis 2,0 bis 3,5	

wendung finden. Gaskoks und auch Steinkohle sind nämlich gleichfalls geeignet. Verwittern oder verschlammen die aus derartigem Material hergestellten biologischen Körper, so wird das verschlammte Material unter einer gut ziehenden Feuerung, also z. B. in der Kesselanlage der Anstalt verfeuert, und die Körper werden aus neuem Material wieder aufgebaut.

Für 1 cbm tägliches Abwasser von mittlerer Konzentration werden am besten 2 cbm Material vorgesehen; das sind auf den Kopf berechnet 200 l. Man kann zwar beim Tropfverfahren auch mit 150 l Körpermaterial pro Kopf auskommen; besser ist es aber immer, wenn der aufgeführte höhere Wert dafür in Ansatz gebracht wird. Die Berechnung der Materialmenge für biologische Körper, die Fäkalwässer oder andere hochkonzentrierte Abwässer zu reinigen haben, erfolgt am sichersten nicht nach der anfallenden Abwassermenge, sondern nach der Kopfzahl. In dem auf S. 39 gebrachten Beispiele wären also in der von 250 Arbeitern benutzten Klosettanlage ($250 \times 200 =$) 50 cbm Material als Tropfkörpermenge vorzusehen.

Füll- und Tropfanlagen werden am besten einstufig hergestellt. Zweistufige Füllanlagen wirken zwar naturgemäss besser als einstufige; sie benötigen aber ein derartiges Gefälle, dass es im allgemeinen wirtschaftlich vorteilhafter ist, alsdann Tropfkörperanlagen zu errichten. Bei wenig Gefälle wählt man am besten also Füllkörperanlagen; bei viel Gefälle oder wenn das Wasser an und für sich schon gehoben werden muss, wird Tropfanlagen im allgemeinen der Vorzug zu geben sein.

Die Korngrösse des Materials, die Materialhöhe und die Verteilung des Abwassers stehen beim Tropfverfahren in einem bestimmten Verhältnis zueinander. Bestimmend ist dabei das Gefälle, das für die Errichtung des Tropfkörpers zur Verfügung steht. Kann man nur verhältnismässig niedere (1,5—2,0 m hohe) Tropfkörper aufbauen, so ist feinkörnigeres Material und eine feiner wirkende Abwasserverteilung zu wählen, während höhere (2—3,5 m hohe) Tropfkörper die Wahl eines gröberen Materials und einer nicht so gut das Abwasser in einzelne Tropfen auflösenden Verteilungseinrichtung gestatten (vgl. nachstehende Tabelle 5).

Tabelle 5.

Materialhöhe in m	Korngrösse des Materials	Abwasserverteilung
1,5—2,0	Walnussgrösse	feiner
2,0—3,5	Faustgrösse	gröber

Abbildung 31.

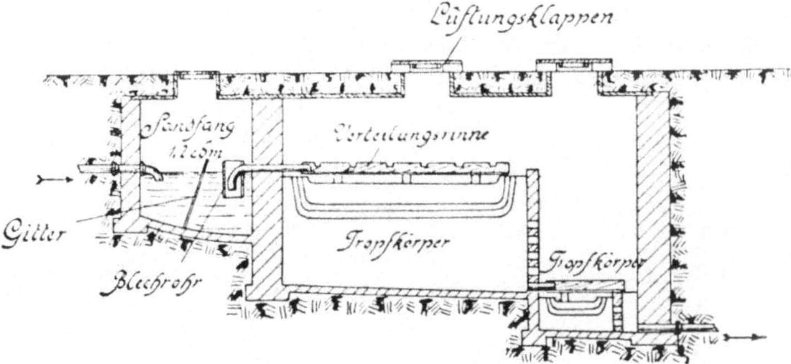

Zweistufige Tropfkörperanlage für ein Erholungsheim in Poppenbüttel. Schalentropfkörper, System Dunbar; erbaut im Jahre 1903 (nach Dunbar).

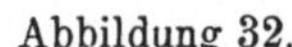
Abbildung 32.

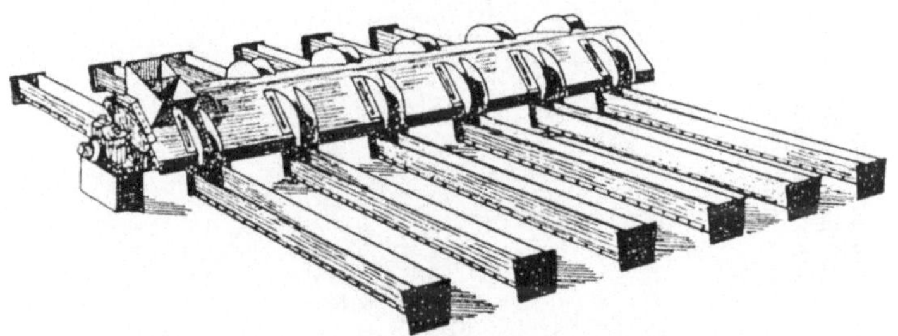

Kipprinnenverteilung, System Farrer, für biologische Tropfkörper. Kipprinne überdeckt mit festen Verteilungsrinnen.

Abbildung 33.

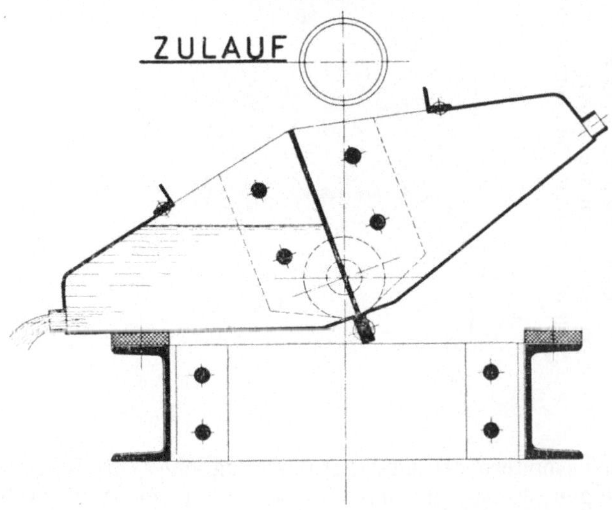

Querschnitt durch eine Wurlsche Kipprinne (Maschinenfabrik Wurl, Berlin-Weissensee); in einer Kläranlage des Truppenübungsplatzes Jüterbog angewendet.

Für die Verteilung des Abwassers bei Anstaltskläranlagen haben sich bewährt: die Dunbarsche Verteilungsschale (Abb. 31, 52), die Kipprinnenverteilung (Abb. 8, 32, 33, 53, 55), die Sprinklerverteilung nach Art des Segnerschen Wasserrades (Abb. 7, 34) und der Fiddianverteiler (Abb. 35 und 61).

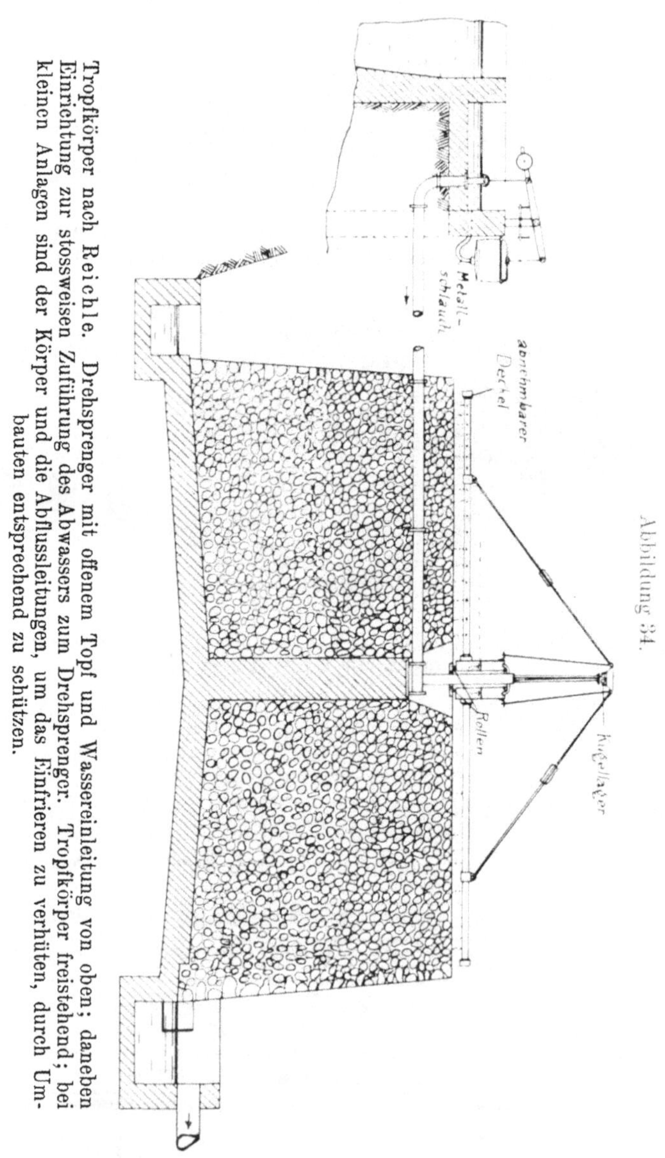

Abbildung 34.

Tropfkörper nach Reichle. Drehsprenger mit offenem Topf und Wassereinleitung von oben; daneben Einrichtung zur stossweisen Zuführung des Abwassers zum Drehsprenger. Tropfkörper freistehend; bei kleinen Anlagen sind der Körper und die Abflussleitungen, um das Einfrieren zu verhüten, durch Umbauten entsprechend zu schützen.

Der letztere insbesondere ist eine ganz vorzügliche Verteilungseinrichtung für Anstaltskläranlagen; er verteilt das Abwasser nur nicht in so feinem Strahle über das Material wie die anderen Verteilungseinrichtungen. Bezüglich weiterer, besonders technischer Gesichtspunkte vgl. (77).

Für Füllkörperanlagen gibt es eine ganze Reihe maschineller Einrichtungen, die die Entleerung der Körper selbsttätig ausführen. Ein derartiger Apparat, der recht geschickt durchgebildet ist, ist in Abb. 27 und 58 bildlich dargestellt.

Abbildung 35.

Fiddian-Drehsprenger (Walzensprenger) von Birch Killon & Co, Manchester. Sprenger nach Art eines oberschlächtigen Wasserrades.

Abbildung 36.

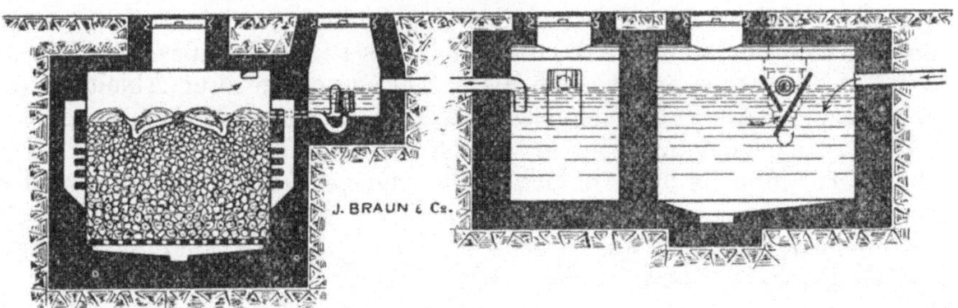

Biologische Hauskläranlage System J. Braun & Co., Wiesbaden. Vorklärung in 3 Faulbecken, von denen zwei in der Abbildung dargestellt sind; Tropfkörper mit vorgeschaltetem Heber. Abwasserverteilung mittelst Steinplatte, gegen die das Abwasser aus dem erweiterten Auslauf stösst, und die das Abwasser schirmartig verteilt. Tropfkörpermaterial auf „falschem“ Boden ruhend.

Der Ausbildung der Sohle der Füll- und Tropfkörper ist besondere Sorgfalt zu schenken, da nur dann die für die ordnungsgemässe Wirkung der biologischen Körper unerlässliche Lüftung von unten nach oben ungestört vonstatten gehen kann. Bei Tropfkörpern wird deshalb das Material z. B. auf sogenannte Sohlensteine, Lochplatten oder auf Backsteine, die entsprechend gelegt werden, auf Betonbalken (Abb. 1) oder auf einen sogenannten falschen Boden (z. B. Abb. 36) aufgebracht.

Die Abwässer müssen im übrigen entschlammt werden, ehe sie „biologisch" mit dauerndem Erfolg behandelt werden können. Je weitgehender im allgemeinen diese Vorbehandlung getrieben wird, um so vorteilhafter ist es für die biologischen Körper. Bei kleineren Abwassermengen kommt zur Vorbehandlung der Abwässer nur das Faulverfahren (S. 40) in Frage; bei grösseren Abwassermengen können aber auch Frischwasseranlagen (S. 29) mit Erfolg Verwendung finden. Gefaultes Wasser lässt sich in biologischen Körpern, an sich betrachtet, zwar ebenso gut behandeln, wie frisches Wasser; Geruchsbelästigungen sind in dem letzten Falle aber leichter zu vermeiden als im ersten Falle. Zur Verhütung des Auftretens unangenehmer Gerüche, die zu Belästigungen führen können, wird übrigens bei Tropfkörperanlagen Verschiedenes empfohlen:

1. Behandlung der Faulraumabflüsse mit Chlorkalk zur Desodorisierung des Abwassers;
2. Behandlung mit Nitraten;
3. Behandlung der Faulraumabflüsse zuerst in Füllkörpern, bei denen, sofern die Zuleitungsröhren in das Material eingebettet werden, unangenehme Gerüche nicht auftreten, und nachherige Behandlung in Tropfkörpern;
4. Rotierenlassen des Sprinklers dicht über der Materialoberfläche, da das faulige Abwasser zu riechen aufhört, sowie es sich im Material befindet.

Alle diese Vorschläge verdienen Beachtung; richtige bauliche Durchbildung der Anlage schützt übrigens an sich schon vor vielem. Faulanlagen in Anstalten oder in kleinen Gemeinden von vornherein mit Rücksicht auf den Umstand, dass das den Körpern zufliessende Abwasser unangenehm riecht, nicht anzuwenden, entbehrt also jeder praktischen Grundlage.

In Anstalten können grosse Mengen Wäschereiabwässer oder Abwässer, die aus Viehställen stammen, den Erfolg auch bei bester Vorbehandlung in Frage stellen. Diese Abwässer werden den biologischen Anlagen dann lieber ferngehalten und für sich, z. B. auf Land, beseitigt. Ist dies bei Wäschereiabwässern nicht möglich, so sind diese Abwässer vor ihrer Ableitung aufzuspeichern und entweder gleichmässig abzuleiten oder gleichzeitig auch noch chemisch vorzubehandeln. Die in Viehställen anfallenden Abwässer können auch auf das doppelte bis dreifache mit reinem Wasser verdünnt und dann biologischen Anlagen ohne Schaden zugeführt werden. Fäkalwässer dürfen nur entsprechend verdünnt (s. S. 39) der biologischen Behandlung unterworfen werden. Regenwässer und andere reine Wässer werden sonst von Anstaltskläranlagen am besten aber ferngehalten und für sich allein beseitigt.

Füllkörperabflüsse, die praktisch frei von Schwebestoffen sind, benötigen keine weitere Behandlung; wohl aber Tropfkörperabflüsse. Für diese Nachbehandlung können sowohl zwei hintereinander angeordnete Becken, wie auch Frischwasserkläranlagen Verwendung finden. Die Becken sind so gross anzulegen, dass sie etwa $^1/_4$—$^1/_5$ des täglichen Abwasserquantums zu fassen vermögen. Im Gegensatz zu Absitzanlagen, die fäulnisfähiges Abwasser zu behandeln haben, ist im übrigen die tunlichst rasche Trennung des Schlammes vom Wasser hier nicht so erforderlich. Wo es möglich ist, sollten hinter biologischen Anlagen stets Fischteiche errichtet werden. Tropfkörperabflüsse sind aber auch in diesem Falle vorher zu entschlammen, ehe sie den Teichanlagen zugeführt werden. Diese Nachbehandlung des biologisch gereinigten Wassers in Teichanlagen ist besonders dann zu empfehlen, wenn in bakteriologischer Beziehung besonders gute Abflüsse erzielt werden sollen und eine Landnachbehandlung nach Lage der Verhältnisse nicht möglich ist (s. S. 43 und S. 65).

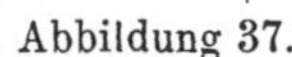
Abbildung 37.

Tropfkörperanlage System Schweder für eine Villa in Bad Landeck in Schlesien; errichtet im Frühjahr 1907.

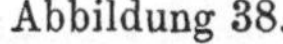
Abbildung 38.

Biologische Tropfkörperanlage für die Lungenheilstätte der Invaliditäts- und Altersversicherungsanstalt des Grossherzogtums Baden Luisenheim bei Marzell im Schwarzwald. Etagentropfkörper System Schweder, Sommer 1905 errichtet. Tägliche Abwassermenge 50 cbm.

Biologische Anstaltskläranlagen sind gegen die Einwirkungen der Kälte und gegen ein Verschneien der Körper tunlichst weitgehend zu schützen. Tropfkörper in dem Umfange, wie sie in Anstalten in Frage kommen, dürfen nie frei aufgestellt werden; ihre Leistungsfähigkeit könnte im Winter sonst völlig in Frage gestellt werden. Tropfkörper wie auch Füllkörper sind deshalb sorgfältig durch Ueberdachung und Umbau gegen Frost und vor Schneefall zu schützen (vgl. z. B. Abb. 37 und 38). Die Lüftung und die leichte Zugänglichkeit dürfen dabei natürlich nicht nachteilig beeinflusst werden. Wird ein biologischer Körper mit fauligem Abwasser beschickt, so ist eine gute Lüftung der Anlage besonders notwendig, da sonst in überdeckten Anlagen eine Ansammlung übelriechender Stoffe stattfinden kann, und Geruchsbelästigungen trotz der Ueberdeckung, gegebenen Falles in erhöhtem Masse, sich bemerkbar machen können. Hinsichtlich der Lage der Kläranlage gilt im übrigen das auf S. 64 Gesagte.

Füll- und Tropfanlagen nehmen dem Abwasser bei richtigem Betriebe seine Fäulnisfähigkeit, und zwar wird diese bestimmt, indem man die zu prüfenden Proben sowohl in offener als auch in geschlossener Flasche unter Lichtabschluss bei 22° C. aufbewahrt. Nach 5 und nach 10 Tagen wird ermittelt, ob unangenehme Gerüche aufgetreten sind, ob sich der Niederschlag unter Schwefeleisenbildung schwarz gefärbt hat, oder ob freier Schwefelwasserstoff nachgewiesen werden kann (vgl. hierzu S. 5).

Der durch die künstlichen biologischen Verfahren zu erreichende bakteriologische Erfolg ist dem durch Rieselfelder zu erzielenden Erfolge nachstehend. Er lässt sich durch eine Nachbehandlung der Wässer steigern, und zwar entweder durch eine Fischteichbehandlung oder durch Behandlung auf Land oder auf künstlichen Sandfiltern nach Art des Chorleyfilters (s. S. 70). Endlich kann man die Abflüsse dauernd einer Chlorkalkbehandlung unterziehen, wie dies z. B. in Amerika an manchen Orten nach Literaturangaben geübt wird. An die Erzielung einer so weitgehenden Reinigung kann gedacht werden, wenn die gereinigten Abwässer z. B. einem See zugeführt werden müssen, in dem sich Badeanstalten befinden.

Die Leistungsfähigkeit biologischer Anlagen wird am besten durch Vornahme der Fäulnisprobe, am vorteilhaftesten täglich, kontrolliert. In Ergänzung hierzu ist die Anwendung der Methylenblauprobe anzuraten[1]). Analytische Feststellungen (vgl. dazu S. 67) sind dagegen nur von Zeit zu Zeit erforderlich. Da gutgereinigte Tropfkörperabflüsse stets grössere Mengen Nitrate enthalten — bei Füllkörperabflüssen ist das Fehlen von Nitraten noch kein Zeichen einer ungenügenden Leistung der biologischen Anlage —, so gibt der Nachweis derartiger Verbindungen einen Massstab hinsichtlich der Leistungsfähigkeit einer Tropfkörperanlage. Mit der Kontrolle des Wirkungsgrades der biologischen Körper haben die Ermittelungen über die Wirkungsweise der Vorreinigungsanlage Hand in Hand zu gehen; bezüglich dieser siehe die auf S. 32 und 41 gebrachten Ausführungen. Das Auftreten von Eisen in grösserer Menge in den Abflüssen biologischer Körper, ferner ein kohlartiger Geruch der Abflüsse deuten im übrigen auf eine beginnende Ueberarbeitung der Anlage hin; beides muss deshalb sorgfältig verfolgt werden.

---

1) Spitta und Weldert, Mitteil. a. d. Königl. Prüfungsanstalt f. Wasserversorg. u. Abwässerbeseit. Heft 6. 1906; Weldert und Röhlich, ebenda 1908. Heft 10.

4. Die natürlichen biologischen Anlagen.

Durch die natürlichen biologischen Anlagen werden zur Zeit die weitgehendsten Reinigungserfolge in physikalisch-chemischer und bakteriologischer Beziehung erlangt. Das Abwasser wird dabei entweder in einfachster Weise über die Oberfläche des wenig durchlässigen Bodens, ferner des durchlässigen, aber unebenen Geländes geleitet (wilde Berieselung) bzw. durch Schläuche versprengt (Benöbelung), oder es wird durch planmässige intermittierende Beschickung der aptierten und gegebenenfalls auch drainierten Ländereien in natürlichem Bodenmaterial nach Art des künstlichen Tropfverfahrens gereinigt (eigentliche Bodenfiltration).

Die wilde Berieselung und die Benöbelung benötigen grössere Landflächen als die eigentliche Bodenfiltration, die Rieselei und die sogen. intermittierende Filtration. Bei dem zuletzt genannten Verfahren spielt die landwirtschaftliche Ausnutzung entweder keine oder nur eine untergeordnete Rolle; seine quantitative Leistung ist deshalb höher als beim Rieselverfahren[1]).

Bei einer Vorbehandlung (Entschlammung und Entfettung) der Abwässer sind die genannten Verfahren meistens nicht unbedeutend leistungsfähiger. Näheres hierüber gibt die nachstehende Tabelle 6. Die Belastungen gehen im übrigen im einzelnen Fall naturgemäss weit auseinander. Die aufgeführten Werte dürfen deshalb auch nur als ungefähre Anhaltspunkte angesehen werden.

Tabelle 6.

Art des natürlichen biologischen Verfahrens	Auf 1 ha Rieselland ist nach dem Jahresdurchschnitt berechnet zulässig		Bemerkungen
	tägliche Abwassermenge cbm	Einwohnerzahl	
Benöbelung	1,1—1,6	12—15	
Wilde Berieselung	12	60	nach englischen Angaben
Rieselverfahren			
ohne Vorbehandlung	35—50—90	300—700	
mit Vorbehandlung	120—150—180	1200	
Untergrundberieselung[2])	35—100	300—800	bei vorheriger Entschlammung der Abwässer
Intermittierende Filtration (Staufiltration)	250—500	3000	bei vorheriger Entschlammung der Abwässer

Das Trennsystem stellt, vom Rieselverfahren abgesehen, bei sämtlichen natürlichen Reinigungsverfahren die gegebene Art der Entwässerungsanlage dar. Wichtig ist, dass alle in Anstalten anfallenden Abwasserarten auf Land behandelt werden können.

Die Bodenbeschaffenheit, also die Korngrösse der Bodenschichten, ist im besonderen massgebend für die Anwendung und die Art der Durchführung der natürlichen biologischen Reinigungsverfahren. Eine Untergrundberieselung und eine Staufilteranlage setzen im allgemeinen das Vorhandensein reiner Kies- und grobkörniger Sandschichten voraus. Beim Rieselverfahren finden besser feinkörnigere Sande oder leicht lehmige Sande Verwendung.

---

1) König, J., Neuere Erfahrungen über die Behandlung und Beseitigung der gewerblichen Abwässer. Vortrag gehalten am 15. September 1910 in Elberfeld. Berlin 1910 Julius Springer.

2) Das Verfahren ist nur zur Beseitigung kleinerer Abwassermengen geeignet. Die höheren Werte sind des Vergleiches wegen hier eingefügt worden.

In betreff der Vorbehandlung der Abwässer vor ihrer Zuführung zu den natürlichen biologischen Anlagen vgl. das beim künstlichen biologischen Verfahren (Seite 50) Gesagte. Rieselfelder und Staufilter sind Tropfkörperanlagen; die Reinigung des Wassers vollzieht sich nach den gleichen Grundsätzen, und die für künstliche biologische Körper auf Seite 43 hinsichtlich des Baues und des Betriebes aufgeführten Gesichtspunkte gelten in sinngemässer Weise auch für die natürlichen biologischen Reinigungsanlagen. Bezüglich der Herrichtung natürlicher biologischer Abwasserreinigungsanlagen vgl. u. a. (19) und (77), ferner Gerhardt-Berlin, Drainage[1]).

Bei Anstalten steht der Behandlung der Abwässer auf Land nichts entgegen, sofern die Flächen etwa 300 m von den Häusern entfernt liegen, und die auf ihnen geernteten Früchte nicht ungekocht zum menschlichen Genusse kommen. Die Abwässer müssen dabei von ungelösten Stoffen soweit als möglich befreit werden, ehe sie zur Verrieselung gebracht werden. Bei geringeren Abwassermengen geschieht dies durch das Faulverfahren, bei

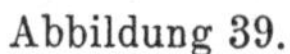
Abbildung 39.

Staufiltration in Brockton (Nord-Amerika) während des Winterbetriebes, nach Henneking.

grösseren Abwassermengen durch Faulanlagen oder durch Frischwasseranlagen. Auf eine tunlichst weitgehende Ausscheidung der Fettstoffe ist bei der Vorbehandlung der Abwässer besonders Bedacht zu nehmen.

Für die Abwasserreinigung von Anstalten ist im übrigen die intermittierende Filtration (die Staufiltration) besonders geeignet. Herzberg z. B. hat diese in zahlreichen Fällen mit gutem Erfolg in Deutschland zur Anwendung gebracht. Da bei ebenen Landflächen die Aufleitung des Abwassers im Winter Schwierigkeiten verursachen kann, hat man die Beete bisweilen dauernd, bisweilen nur im Winter mit 20—30 cm tiefen Furchen versehen (vgl. Abb. 39). Entsteht über den Furchen eine Eis- bzw. Schneeüberdeckung, so kann das Abwasser in der freibleibenden Furchenzone weiterfliessen. Anstelle des natürlichen Bodens können bei geringem Gefäll gegebenenfalls auch künstliche Sandfilter zur Reinigung von Anstaltsabwässern Verwendung finden.

1) Kalender für Wasser- und Strassenbau- und Kultur-Ingenieure. Verlag J. F. Bergmann, Wiesbaden.

Die Untergrundberieselung stellt bei kleinen Abwassermengen und bei günstigen Untergrundverhältnissen eine ausgezeichnete Beseitigungsart dar. Die Abwässer werden hierbei am besten durch Faulanlagen vorbehandelt. Die Versickerungsstränge sind in ca. 1 m Tiefe zu verlegen. Die Nähe von Bäumen und Sträuchern ist dabei zu vermeiden, da sonst leicht ein Verstopfen der Rohre durch das Einwachsen der Wurzeln in die Versickerungsstränge eintreten kann. Die Rohre dürfen auch nicht zu eng gewählt werden, da sie

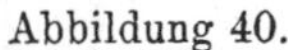

Abbildung 40.

Vor der Entleerung.

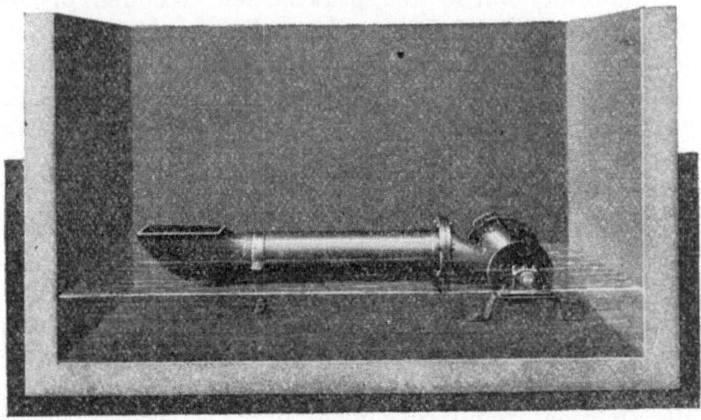

Nach der Entleerung.

Beschickungsvorrichtung Geiger (Karlsruhe): selbsttätig wirkendes Schwimmrohr vor und nach der Entleerung.

zugleich die für die Regenerierung des Bodenfilters nötige Luft zuführen müssen. Aus den gleichen Gründen sind sie in möglichst grobkörniges Kiesmaterial einzubetten. Zwecks Sicherung einer gleichmässigen Ausnutzung des Bodenfilters kann das vorgereinigte Abwasser den Strängen gegebenenfalls stossweise durch Kipprinnen- oder Heberanlagen u. dergl. (Abb. 40) zugeführt werden. Nach Tabelle 6 genügt es bei besten Untergrundverhältnissen für die Abwässer von etwa 10 Personen 150—300 qm Versickerungsfläche vorzusehen. Werden die Abwässer statt durch Faulanlagen durch ein künstliches biologisches Verfahren vorgereinigt, so kann etwa die 5—10 fache Wassermenge zur Versickerung gebracht werden. Aber auch in diesem Falle darf nur weitgehend entschlammtes Abwasser zur Versickerung gebracht werden.

In manchen Fällen wird das Abwasser mit Vorteil im Winter durch Untergrundberieselung, im Sommer dagegen durch oberirdische Verrieselung beseitigt.

Die sog. Benöbelung kommt für die Beseitigung von Anstaltsabwässern meist ebensowenig in Frage wie die wilde Rieselei.

Wo genügende Landflächen zur Verfügung stehen, ist die Anlage von Fischteichen zur Nachreinigung der Landabflüsse stets zu empfehlen.

Die Kontrolle der natürlichen biologischen Anlagen erfolgt nach gleichen Gesichtspunkten wie für die künstlichen Verfahren (s. S. 52). Erfolgt die Trink- und Nutzwasserentnahme aus Brunnen, die in der Nähe von natürlichen biologischen Anlagen belegen sind, so hat sich die Kontrolle auf die fortlaufende Prüfung der Trinkwasserverhältnisse auszudehnen. Wird diese Kontrolle schon vor Anlage des Rieselfeldes begonnen, so ist dies wegen der Vergleichsmöglichkeit noch vorteilhafter.

VI. Die Verfahren der getrennten Schlammfaulung.

Die bei den einzelnen Verfahren anfallenden Schlammengen und die Beseitigungsmöglichkeit der verschiedenen Schlammsorten sind an anderer Stelle dieser Arbeit behandelt worden. Auch das Faulverfahren und die Natur des dabei anfallenden Schlammes wurden bereits eingehender erwähnt. Nur die getrennte Schlammfaulung wurde aus praktischen Gründen bislang noch nicht näher besprochen. Dies soll jetzt hier geschehen und zwar unter Bezugnahme auf den „Emscherbrunnen" [vgl. Abb. 17 und die Abb. 41—46; ferner (77)].

Der von Imhoff konstruierte Emscherbrunnen (vgl. z. B. Abb. 41) stellt ein kombiniertes Reinigungsverfahren dar, ein mechanisches Verfahren für das Abwasser und ein biologisches[1]) Verfahren für die Behandlung des Schlammes. Ein Emscherbrunnen besteht demnach aus zwei verschiedenen Räumen, einem Absitzraum und einem Schlammzersetzungsraum, die im übrigen durch Schlitze miteinander in Verbindung stehen (vgl. die Abb. 17, 42 und 44). Der Schlammzersetzungsraum ist stets brunnenförmig ausgebildet; der Absitzraum kann dagegen entweder ein Absitzbecken sein mit horizontalem Abwasserdurchfluss (Abb. 42 und 44) oder ein Absitzbrunnen mit radialem Durchfluss (Abb. 17).

Wird ein Emscherbrunnen in Betrieb genommen, also mit Abwasser angefüllt, so füllt sich naturgemäss sowohl der Absitzraum wie der Schlammzersetzungsraum. Bei weiterer Abwasserzufuhr fliesst mechanisch gereinigtes Abwasser aus der Emscherbrunnenanlage ab und zwar in ebenso frischem Zustande, wie es der Anlage zugeflossen ist, da der auf den Einbauten sich ausscheidende Schlamm durch die vorerwähnten Schlitze in den darunter befindlichen Schlammzersetzungsraum lawinenartig und zwar praktisch selbsttätig abrutscht, eine praktisch gleichgrosse Wassermenge aus dem Zersetzungsraum in den Absitzraum verdrängend. Im Absitzraum bleiben diese Verhältnisse im weiteren Verlaufe des Betriebes bestehen; aus dem Schlammzersetzungsraum wird aber später ein typischer Faulraum, wie dies auf S. 36 geschildert worden ist: Der auf dem Boden des Schlammbrunnens lagernde Schlamm und das

1) Es spielen dabei auch noch andere Vorgänge eine Rolle, doch soll auf diese hier nicht näher eingegangen werden.

Wasser des Schlammzersetzungsraumes sind in Fäulnis übergegangen, Schwefelwasserstoff ist in grossen Mengen aufgetreten, eine Sumpfgasgärung hat eingesetzt und bewirkt das Auftreiben von Fladen, die aber durch die Art der

Abbildung 41.

Erste Emscherbrunnenanlage: Kläranlage von Recklinghausen-Ost, errichtet im Jahre 1906. 6 Emscherbrunnen, je 3 mit gemeinschaftlichem, beckenförmigem Absitzraum; vorn Schlammtrockenplatz mit frisch abgelassenem, flüssigem Schlamm und mit stichfestem Schlamm.

Einbauten nicht in den Absitzraum, sondern in die bis an die Wasseroberfläche hochgeführten Teile des Schlammzersetzungsraumes gelangen, woselbst die Gase dann entweichen können. Der Schlamm sinkt wieder nach unten; es wieder-

Abbildung 42.

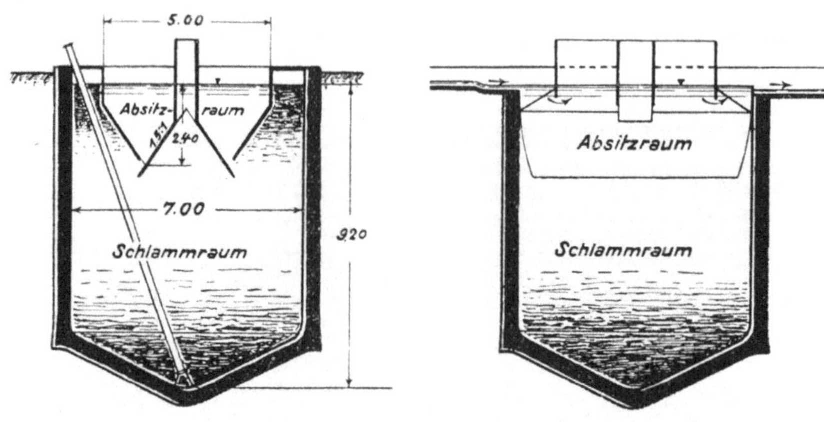

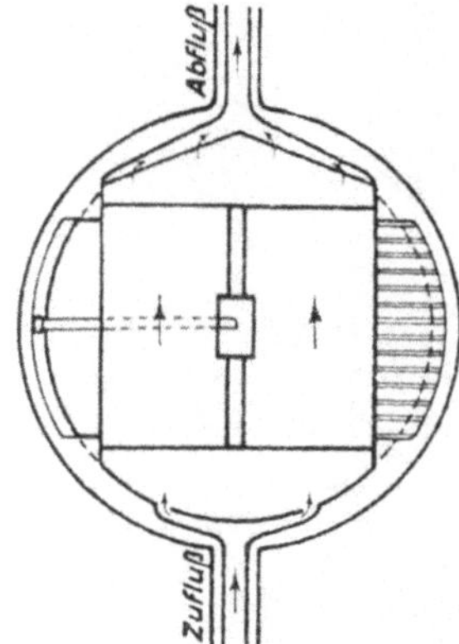

Einzelbrunnen mit wagrechter Wasserbewegung für 4000 Einwohner und 500 cbm tägliche Abwassermenge (System Imhoff). Absitzraum = 45 cbm; Durchflusszeit = 2 Stunden; Schlammraum = 215 cbm.

Der Schlamm wird herausgepumpt.

Abbildung 43.

Abheben der Schwimmdecke in Bochum. Es wird nur der stichfeste Schlamm an der Oberfläche abgehoben, der nicht durch Geruch belästigt (Emschergenossenschaft, Essen).

Abbildung 44.

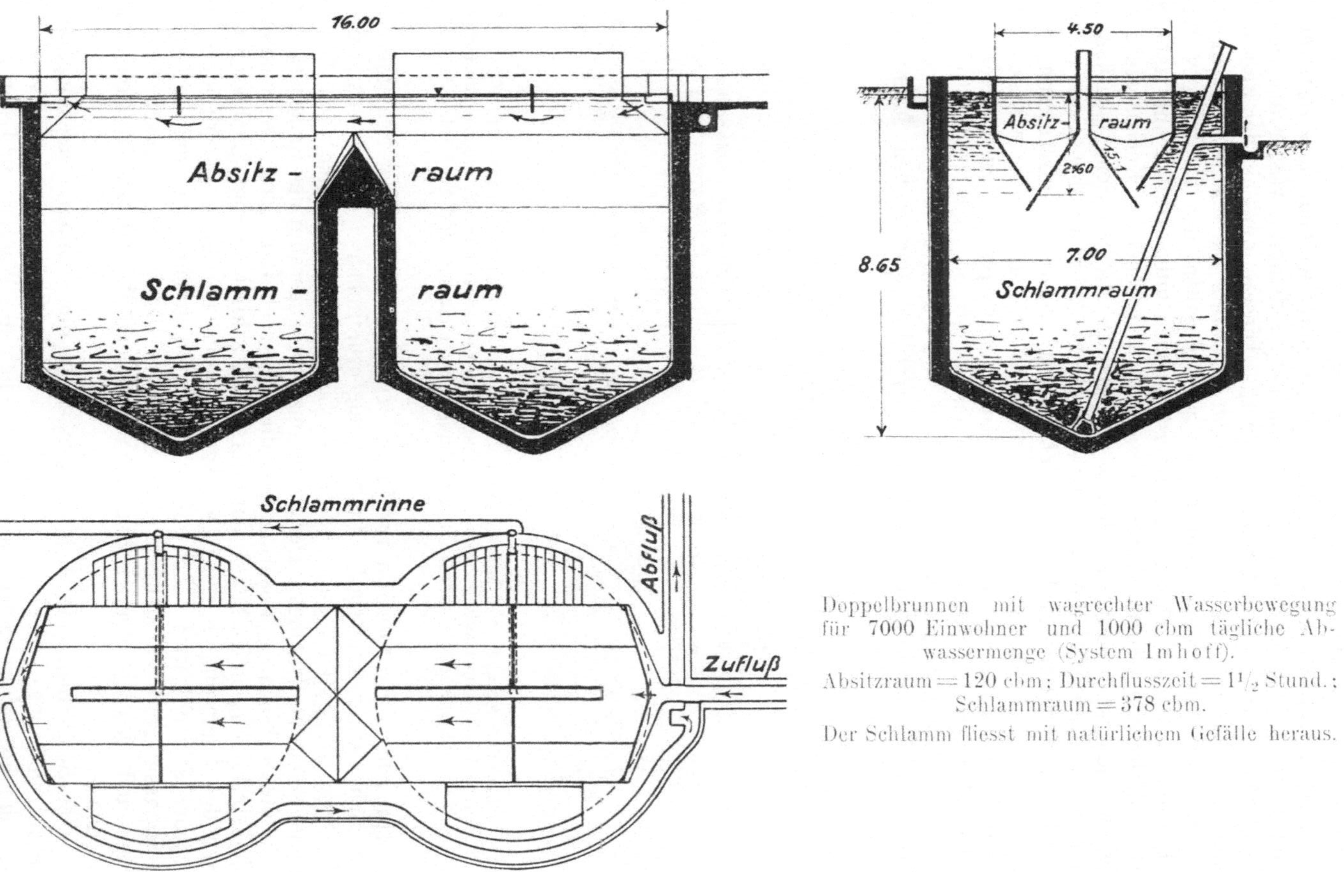

Doppelbrunnen mit wagrechter Wasserbewegung für 7000 Einwohner und 1000 cbm tägliche Abwassermenge (System Imhoff).

Absitzraum = 120 cbm; Durchflusszeit = $1\frac{1}{2}$ Stund.; Schlammraum = 378 cbm.

Der Schlamm fliesst mit natürlichem Gefälle heraus.

holt sich dies fortdauernd und steigert sich, je mehr aussedimentierter Schlamm in die Schlammzersetzungsräume hineinrutscht.

Dieses Auftreiben von Fladen kann so stark werden, dass der Emscherbrunnen zu „spucken“ anfängt, und schaumiges Schlammwasser aus den Entlüftungsrohren in den Absitzraum übertritt. Diese in der Zeit der Einarbeitung beobachtete Erscheinung ist weniger dem Schlamm als der Beschaffenheit des Wassers im Schlammzersetzungsraume zuzuschreiben, das als fauliges Wasser noch stark schäumt. Das Schäumen ist an sich unbedenklich und kann z. B. durch Zufuhr von reinem Wasser, dem ein entsprechender Kochsalzzusatz gegeben worden ist, beseitigt werden (s. unten). Zu starkem Schäumen kann auch durch rechtzeitiges Abheben der Schwimmdecke (Abb. 43) begegnet werden.

Bei fortschreitender Einarbeitung des Schlammzersetzungsraumes (nach $^1/_2$ bis $^3/_4$ Jahr) fault der Schlamm mehr oder weniger weitgehend aus und, da neues Abwasser nicht hinzugetreten war, das das ausfaulende Wasser wieder infizieren und fäulnisfähig machen konnte — der andauernd hinzutretende Schlamm reicht hierzu nicht aus —, so wird schliesslich auch das Wasser des Schlammzersetzungsraumes praktisch gesprochen faulnisunfähig,

Abbildung 45.

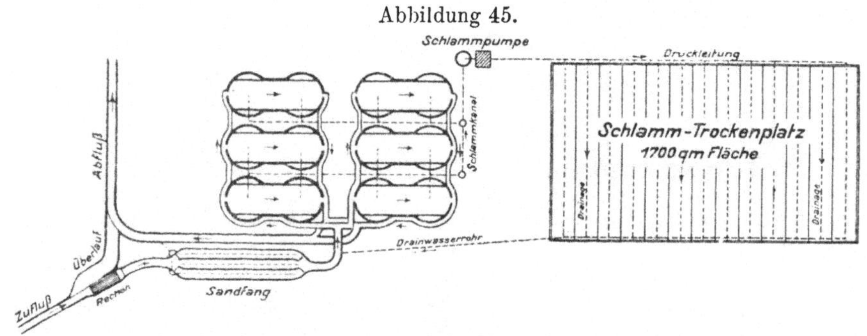

Emscherbrunnen-Anlage beim Mischsystem, bestehend aus 6 Doppelbrunnen für 60000 Einwohner und 17000 cbm tägliche Abwassermenge. Durchflusszeit $1^1/_2$ Stunden. Die Grössenverhältnisse der einzelnen Abteilungen zu einander sind zu ersehen.

und der Emscherbrunnen ist jetzt eingearbeitet. Der Schlamm riecht nicht mehr faulig, sondern besitzt einen eigentümlichen siegellackartigen Geruch und zeigt die guten Eigenschaften des Schlammes eines nicht von Abwasser durchflossenen Faulraumes. Der Schlammzersetzungsraum des Emscherbrunnens hat in dieser Form gewissermassen die Eigenschaften eines verschlammten, in Selbstreinigung befindlichen Vorfluters, und zahlreiche Sumpfgasblasen durchsetzen den Schlamm, durchwirbeln seine oberen Partien und verhindern, dass er wieder schlecht wird. Schwefelwasserstoff entsteht jetzt nur noch in verhältnismässig geringen Mengen; der Schlamm liefert davon anscheinend nur wenig, und das in dem Schlamm vorhandene Wasser ist ja fäulnisunfähig geworden.

Der Schlamm hat sich inzwischen in den Schlammzersetzungsräumen angehäuft und muss abgelassen werden. Die im Zersetzungsraume vorhandene Schlammhöhe sichert gegen das Durchbrechen des Wassers, und der mit Gasblasen durchsetzte verhältnismässig wasserarme, aber leichtflüssige Schlamm fliesst den Schlammtrockenplätzen mit natürlichem Gefälle zu oder wird diesen durch eine Pumpenanlage zugedrückt. Durch das Schlammablassen wird aus dem Absitzraum der Emscherbrunnenanlage eine dem Schlammvolumen gleich grosse Abwassermenge durch die Schlitze zugeführt. Da das Wasser des Schlammzersetzungsraumes dadurch wieder faulig und der Schlamm wieder

Abbildung 46.

Kläranlage Holzwickede der Emschergenossenschaft in Essen. 3200 Einwohner und eine Eisenbahnbetriebswerkstätte sind angeschlossen. Zur Vorklärung und zur Nachklärung sind Emscherbrunnen vorgesehen; das entschlammte Rohwasser wird auf einen Tropfkörper mit Sprinklerverteilung gehoben. Der Nachklärbrunnen und der Vorklärbrunnen können ausgewechselt werden.

übelriechend werden kann, so liegt in einer sachgemäss durchgeführten Art des Schlammablassens der Schwerpunkt eines richtigen Emscherbrunnenbetriebes: Nur soviel Abwasser darf beim Schlammablassen zugeführt werden, als der Schlammzersetzungsraum in normalem Betriebe verdauen kann. Das entstehende Mischwasser darf also entweder gar nicht faulen oder muss sehr bald wieder in fäulnisunfähiges (reines) Wasser übergehen. Die Schlammbeete, an denen man die abgelassene Schlammmenge am einfachsten kontrolliert, dürfen deshalb, damit nicht zu viel Schlamm abgelassen wird, nur aus verhältnismässig kleinen Elementen bestehen. Im Gegensatze zu durchflossenen Faulräumen muss also bei Emscherbrunnen alles geschehen, dass so wenig wie möglich fäulnisfähiges Abwasser in den Schlammzersetzungsraum hineingelangt, da sonst der Schlamm wieder schlecht, d. h. übelriechend werden kann.

Abbildung 47.

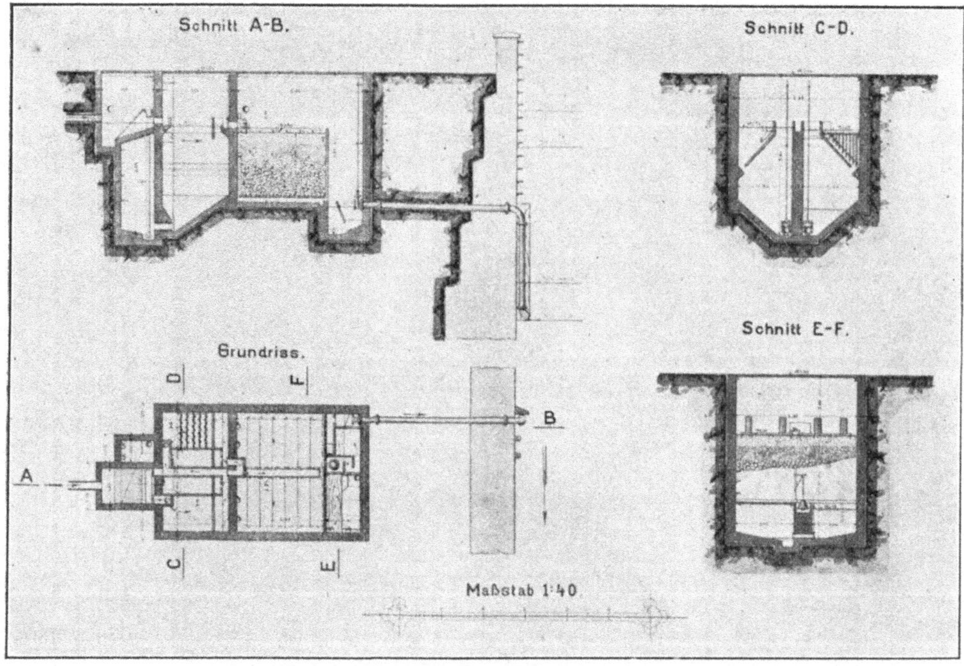

Abwasserreinigungsanlage für das Garnisonslazarett Diedenhofen nach System Travis (Städtehygiene- und Wasserbaugesellschaft, Wiesbaden). Die Anlage hat lediglich Fäkalwässer, also keine Wirtschaftswässer zu reinigen.

Aus diesem Grunde ist es auch wichtig, dass das Schlammwasser ein höheres spezifisches Gewicht aufweist, als das frische Abwasser. Wäre das Umgekehrte der Fall, so würde, da Schlitzverschlüsse fehlen, das Wasser des Schlammzersetzungsraumes durch das Abwasser verdrängt und der Schlamm würde dadurch schlecht werden. Wie Reichle und Thumm festgestellt haben, müssen bei Zufuhr von reinem Wasser zu den Schlammzersetzungsräumen (s. oben) deshalb Salze beigegeben werden, da sonst störende Umlagerungen eintreten würden.

Die im vorstehenden in grossen Umrissen geschilderten Vorgänge sollen an erster Stelle auf die bei der getrennten Schlammfaulung bestehenden Grundprinzipien hinweisen. Im einzelnen Fall sind natürlich Verschiebungen nach der einen oder anderen Seite hin zu beobachten.

Die Grösse des Absitzraumes wird bei Emscherbrunnen im allgemeinen für 1—2stündige Aufenthaltsdauer des Abwassers bemessen. Beim Schlammzersetzungsraum rechnet man mit 0,1—0,2 l Schlamm pro Kopf und Tag und mit einer Aufspeicherung von 3—6 Monaten. An Schlammtrockenplatz ist nach den Erfahrungen der Emschergenossenschaft für je 35 Einwohner 1 qm erforderlich. Die Schlammlagerplätze sind aus Schlacke herzustellen und zu drainieren. Der Schlamm wird in etwa 25 cm Höhe aufgeleitet, und die Abtrocknung des Schlammes soll in 3—10 Tagen vor sich gehen.

Das Verfahren von Travis (vgl. die Abb. 18 und 47) unterscheidet sich von dem Imhoffschen Verfahren dadurch, dass Travis absichtlich frisches

Abbildung 48.

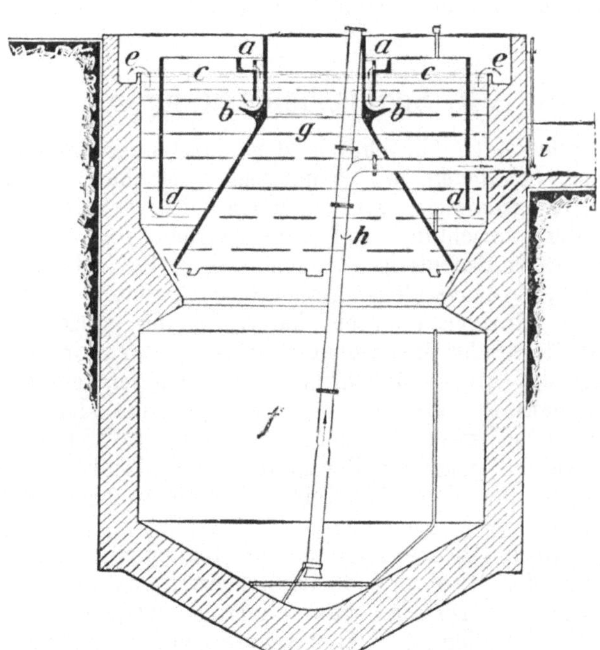

Kremer-Imhoff-Brunnen (Kremer-Faulbrunnen), mechanische Abwasserreinigung mit getrennter Schlammzersetzung. *a* = ringförmiger Einlauf; *b* = Vorstossrinne; *c* = fetthaltige Schwimmschicht; *d* = Umlaufkante des Tauchzylinders; *e* = Ablauf; *f* = Schlammfaulraum; *g* = Trichterglocke zum Auffangen der Schlammfladen; *h* = Schlammabflussleitung; *i* = Schlammschieber.

Abwasser durch den Schlammraum führt, während Imhoff jede Strömung vom Klärraum durch den Schlammraum streng zu vermeiden sucht. Das Kremer-Imhoff-Verfahren stellt ein Emscherbrunnenverfahren dar, bei dem die Art der Abwasserführung im Absitzraum nach Art des Kremer-Verfahrens bewerkstelligt wird (vgl. Abb. 48), wobei die Schlammstoffe in eine fettreiche Schwimmschicht, die abgehoben wird, und in eine fettarme Sinkschicht, die in den Schlammzersetzungsraum hineinrutscht, getrennt werden. Bezüglich des Neustadter Doppelbeckens vgl. S. 76; bezüglich weiterer Systeme siehe S. 75 und 79.

Die getrennte Schlammfaulung hat bei Anstaltskläranlagen bereits in zahlreichen Fällen Verwendung gefunden. Bei Anwendung des

Verfahrens muss auf die bedeutende Schwimmdeckenbildung des Abwassers besonders Bedacht genommen werden, sowohl bei der Projektierung (Raum zur Aufnahme der Schwimmdecke) wie nachher durch entsprechende Art des Betriebes (rechtzeitige Abnahme der Schwimmdecke). Die getrennte Schlammfaulung, d. h. die Schlammfaulung unter genügend Wasser, bildet im übrigen — allgemein gesprochen — einen ganz erheblichen Fortschritt in der Schlammbehandlungsfrage; die Schlammplage insbesondere lässt sich durch dieses Verfahren in weitgehendem Masse herabmindern.

Die Kontrolle der mit getrennter Schlammfaulung versehenen Anlagen hat einmal nach Art der Kontrolle von Absitzanlagen (s. S. 32) zu erfolgen. Die Schlammansammlungen im Schlammzersetzungsraum sind sodann regelmässig zu messen, der abgelassene Schlamm darf nicht unangenehm riechen, muss rasch drainieren, und das in ihm enthaltene Abwasser muss fäulnisunfähig sein.

VII. Schlussbemerkungen.

Die im vorstehenden hinsichtlich der einzelnen Reinigungsverfahren gemachten Angaben, bei denen, wo es notwendig erschien, auch auf grössere Verhältnisse Bezug genommen wurde, geben die wichtigsten Anhaltspunkte wieder, die bei der Einrichtung und dem Betriebe von Abwasseranlagen der in Rede stehenden Art Beachtung zu finden haben, falls Misserfolge nach Möglichkeit vermieden werden sollen. Dabei muss betont werden, dass schon die Missachtung eines einzigen Punktes den Erfolg der ganzen Anlage in Frage stellen kann, so dass also insbesondere bei den Vorarbeiten zur Schaffung einer Kläranlage die grösstmögliche Sorgfalt geboten erscheint. Will man eine neue Krankenanstalt, ein neues Genesungsheim oder auch ein Einzelwohnhaus errichten, so muss also der Abwasserfrage die gleiche Aufmerksamkeit geschenkt werden wie der Beschaffung des Trink- und Brauchwassers und den sonstigen, bei dem Bau einer Anstalt zu beachtenden besonderen Gesichtspunkten.

Die Wahl eines Platzes, auf den die Reinigungsanlage später kommen soll, bedarf neben der Wahl des Reinigungsverfahrens selbst an erster Stelle sorgfältiger Erwägung. Da das beste System gelegentlich Schwierigkeiten bereiten kann, die in dem Auftreten unangenehmer Gerüche zum Ausdruck kommen, so wird man von vornherein bestrebt sein, nur solche Plätze für die Abwasseranlage zu wählen, die von den bewohnten Stellen, von öffentlichen Wegen u. dgl. soweit weg liegen, als dies nach Lage der Verhältnisse überhaupt möglich ist. Rieselfeldanlagen müssen unter allen Umständen etwa 300 m von Gebäuden entfernt angelegt werden, sofern man sie als Reinigungsart, ohne dass Schwierigkeiten entstehen, überhaupt anwenden will. Mit Kläranlagen kann man natürlich näher an die Gebäude heran gehen. Alle Reinigungsanlagen wird man aber immer so zu errichten haben, dass sie von der herrschenden Windrichtung abgekehrt belegen sind. Sie dem Auge des Beschauers durch Buschwerk u. dgl. zu entziehen, ist immer empfehlenswert. Fischteichanlagen allein machen hier vielleicht eine Ausnahme. Sie können nämlich zur Belebung einer Gegend oft nicht unwesentlich beitragen.

Viel ist auch schon erreicht, wenn für die Reinigungsanlage von vornherein reichliches Gelände vorgesehen wird, da die Anlage in diesem Falle u. a. meistens einfacher hergestellt werden kann, kostspielige Ueberdeckungen z. B. sich erübrigen und der Lösung der Schlammfrage Schwierigkeiten nicht begegnen können. Günstige Gefällsverhältnisse, die die Errichtung von Pumpenanlagen entbehrlich machen, sind gleichfalls sehr wichtig, da sie nicht allein einen einfacheren Betrieb ermöglichen, sondern auch vielfach die Schaffung von Anlagen gestatten, die eine erhöhte Betriebssicherheit aufweisen. Wichtig ist endlich das Vorhandensein günstiger Vorflutverhältnisse. Manche Reinigungsverfahren, wie z. B. die Ueberrieselung, die Benöbelung und die Untergrundberieselung sind zwar an das Vorhandensein eines offenen Wasserlaufes nicht gebunden. Die Verfahren sind aber nur unter besonderen Voraussetzungen zur Anwendung zu empfehlen (s. weiter vorn), und sollten eigentlich nur im Notfalle zur Reinigung von Anstaltsabwässern Verwendung finden. Dieses gilt insbesondere von der Untergrundberieselung, die in grösserem Masstabe angewandt stets versagt hat.

Abbildung 49.

Als offener Abwassergraben ausgebaute Vorflut im Emschergebiet (Emschergenossenschaft, Essen).

Sollen die Abwässer einem Vorfluter überantwortet werden, der nur zu gewissen Zeiten Wasser führt und sonst trocken liegt, so ist besondere Sorgfalt auf die glatte Ableitung der gereinigten Abwässer zu legen, da sonst, auch bei weitergehender Reinigung des Abwassers, unter Umständen Belästigungen sich sekundär bemerkbar machen können. Die Ableitung der Abwässer in Gräben, die mit Betonplatten ausgelegt sind (vgl. Abb. 49), kann dabei in dem einen oder anderen Falle von Nutzen sein.

Der Einleitung von gereinigtem Abwasser in einen Vorfluter, der weiter unterhalb zur Viehtränkung oder zu Badezwecken Verwendung findet, ist stets zu widerraten. Zwar kann man z. B. durch Ableitung der Abwässer in den Nachtstunden, wo das Vieh nicht getränkt wird und wo man nicht badet, im einzelnen Falle unter Umständen bessere Verhältnisse im Vorfluter wohl schaffen. Auch kann man z. B. bei Anwendung des Rieselverfahrens die Rieselabflüsse nochmals auf Land oder in Fischteichanlagen nachbehandeln, oder man kann entschlammte Tropfkörperabflüsse entweder auf Land oder in künstlichen Sandfiltern (in Chorleyfiltern) oder in Fischteichen noch weiter reinigen, oder die Tropfkörperabflüsse können nach amerikanischem Vorbild mit Chlorkalk desinfiziert werden. Die Abwasserfrage wird in derartigen Fällen, wenn nicht besonders günstige Verhältnisse vorliegen, erfahrungsgemäss aber immer eine Quelle andauernder Schwierigkeiten sein.

Bei der Ableitung der Abwässer bedarf endlich auch noch die Verwendung des Vorfluters für die Zwecke der Fischzucht der Erwähnung[1]). Bei richtiger Wahl des Reinigungsverfahrens kann die Zuführung von Abwasser zu einem Vorfluter in fischereilicher Beziehung im allgemeinen nur als Vorteil, keineswegs aber als Nachteil angesehen werden. Dieses gilt insbesondere dann, wenn biologisch gereinigtes Abwasser einem Fischgewässer überantwortet werden soll.

Die in einem Vorfluter bestehenden besonderen Verhältnisse sind im übrigen auf eine grössere Strecke des Flusslaufes unterhalb der Einleitungsstelle (in Preussen auf mindestens 15 km) zu prüfen.

Vor Errichtung einer Anstalt ist die Beschaffenheit des Vorflutgewässers durch eine planmässige Untersuchung in physikalisch-chemisch-biologischer und gegebenen Falles bakteriologischer Beziehung festzulegen. In Betracht zu ziehen sind hierbei die ungünstigsten Verhältnisse (niedrigstes Niederwasser), mindestens aber gewöhnliches, alljährlich eintretendes Niederwasser[2]).

Der Umfang der auszuführenden physikalisch-chemischen Ermittelungen, die, wenn keine besonderen Verhältnisse vorliegen, im unfiltrierten Wasser vorzunehmen sind, hat sich dem Einzelfalle anzupassen. Nachstehend aufgeführte Beispiele zur Feststellung des Reinheitsgrades von Vorflutern mögen hierfür einige Anhaltspunkte geben:

1. Einfache Untersuchung: Aeussere Beschaffenheit, Methylenblauprobe, Reaktion, Salpetersäure, salpetrige Säure, Ammoniak, Chlor, Kaliumpermanganatverbrauch und Schwefelwasserstoff.
2. Ausführlichere Untersuchung: Aeussere Beschaffenheit, Methylenblauprobe, Reaktion, Gesamtmenge der suspendierten Stoffe, ihr Glühverlust bzw. Glührückstand, Salpetersäure, salpetrige Säure, Ammoniak, Chlor, Kaliumpermanganatverbrauch, Sauerstoff, Sauerstoffzehrung und Schwefelwasserstoff.
3. Umfangreiche Untersuchung: Aeussere Beschaffenheit, Methylenblauprobe, Reaktion, Gesamtmenge der suspendierten Stoffe, ihr Glührückstand bzw. Glühverlust, Gesamtmenge des Abdampfrückstandes, sein Glührückstand bzw. Glühverlust, Salpetersäure, salpetrige Säure, Ammoniak, Chlor, Kaliumpermanganatverbrauch, Kalk, Magnesia, Schwefelsäure, Säurebindungsvermögen, Sauerstoff, Sauerstoffzehrung und Schwefelwasserstoff.

Eine bakteriologische Untersuchung der Vorflut wird im allgemeinen seltener notwendig als die chemische; sie hat sich alsdann auf die Ermittelung des Keimgehaltes, des Coli- und des Thermophilentiters[3]) zu erstrecken. Mikroskopisch-biologisch ist dagegen die Vorflut stets zu untersuchen. Dem Plankton ist dabei die gleiche Aufmerksamkeit zu schenken, wie dem Besatz an Steinen, an flutenden Stengeln u. dgl., dem Flusschlamm und der

---

1) Gegen Abwasser empfindliche Fische sind nach Schiemenz (85) der Barsch, der Zander und die Plötze; gegen Abwasser weniger empfindlich sind der Hecht und der Karpfen, und gegen Abwasser widerstandsfähiger sind der Ueklei, der Goldfisch und der Schlei.

2) Die Angaben über die Wasserführung der Vorfluter können in Preussen seitens der Kgl. Landesanstalt für Gewässerkunde in Berlin erlangt werden.

3) Vgl. Ohlmüller und Spitta, Die Untersuchung und Beurteilung des Wassers und des Abwassers. 1910. S. 275. Springer-Berlin.

höheren Flora und Fauna. Vgl. dazu u. a. Kolkwitz[1]), ferner Schiemenz und Hofer in (85), dann auch Mez[2]).

Die Forderungen, die an den Reinheitsgrad der geklärten Abwässer aus Anstaltskläranlagen zu stellen sind, sind keine feststehenden, sondern von Fall zu Fall unter eingehender Prüfung der Gesamtverhältnisse festzusetzen. Einen ungefähren Anhaltspunkt für den erforderlichen Reinheitsgrad bietet hierbei der Umstand, dass normale häusliche Abwässer bei etwa 10—20facher Verdünnung ihre Fäulnisfähigkeit verlieren, doch ist dabei zu beachten, dass es nicht das Gleiche ist, ob einem Abwasser durch blosse Verdünnung, oder ob ihm z. B. durch ein biologisches Verfahren (also durch Umwandlung der organischen Substanzen) die Fäulnisfähigkeit genommen worden ist. Durch die einem Vorfluter in dem ersten Falle in unveränderter Form zugeführten organischen Nährstoffe kann nämlich eine sehr lästige Pilzentwickelung (von Leptomitus oder Sphaerotilus) sich bemerkbar machen, obgleich das Wasser des Vorfluters vom rein chemischen Standpunkt aus betrachtet gut, d. h. fäulnisunfähig sein kann. Die Stagnation des an sich nicht mehr fäulnisfähigen Wassers, unter Umständen in Teichanlagen, ist in solchen Fällen der ungehinderten Abführung der Vorflutgewässer, die für fäulnisfähige Gewässer das einzig Richtige ist, dann vorzuziehen; die Wegnahme von Stauanlagen in einem Vorfluter, der chemisch in Ordnung ist, kann dann also eher Schaden als Nutzen bringen.

Kann im Einzelfalle trotz eingehender Prüfung der örtlichen Verhältnisse die Grenze der mechanischen Reinigung mit Sicherheit nicht bestimmt werden, so ist ein schrittweises Vorgehen und zwar in der Weise zu empfehlen, dass die Möglichkeit einer weiteren Reinigung von Anfang an vorgesehen, ihre Ausführung jedoch erst von den späteren Betriebsergebnissen abhängig gemacht wird.

Die Kontrolle von Anstaltskläranlagen hat nach den in den früheren Kapiteln erwähnten allgemeinen Gesichtspunkten zu erfolgen. Ferner ist ein Betriebsbuch zu führen, das über alles Wissenswerte, insbesondere auch über die quantitative Leistung der Anlage, übersichtlich Aufschluss gibt.

Zu den Zeiten der geringsten und höchsten Belastung der Kläranlage ist die Kontrolle besonders eingehend auszuführen. Zwecks Gewinnung eines abgeschlossenen Urteils über den Wert einer Reinigungsanlage haben zu der Kontrolle der Reinigungswirkung der Anlage die Ermittelungen hinsichtlich der Einwirkung der Abwässer auf die Vorflut hinzuzutreten. Nach Ablauf der Winterzeit und nach Verlauf des Sommers sind derartige Feststellungen von besonderer Wichtigkeit, und die biologische Untersuchung[1]) insbesondere vermag in solchen Fällen dann wertvolles Beweismaterial für die Wirkungsweise einer Kläranlage beizubringen.

Die analytische Kontrolle einer Kläranlage, also die Untersuchung des ungereinigten und des gereinigten Abwassers, hat sich dabei etwa auf folgende Ermittelungen zu erstrecken:

1. Bei einfacheren Untersuchungen. Im unfiltrierten Wasser: Aeussere Beschaffenheit, Fäulnisfähigkeit, Methylenblauprobe, Reaktion, Gesamtmenge der suspendierten Stoffe, ihr Glührückstand bzw. Glühverlust und Schwefelwasserstoff; im

---

1) Handbuch der Hygiene. Herausgegeben von Rubner, v. Gruber und von Ficker. II. Bd. 2. Abt. Verlag S. Hirzel. Leipzig 1911.

2) Hager-Mez, Das Mikroskop und seine Anwendung. Verlag J. Springer. Berlin.

filtrierten Wasser: Chlor, Kaliumpermanganatverbrauch, Gesamtstickstoff, organischer Stickstoff, Ammoniakstickstoff, Nitrat- und Nitritstickstoff.

2. Bei umfangreicheren Untersuchungen. Im unfiltrierten Wasser: Aeussere Beschaffenheit, Fäulnisfähigkeit, Methylenblauprobe, Reaktion, Gesamtmenge der suspendierten Stoffe, ihr Glührückstand bzw. Glühverlust und Schwefelwasserstoff: im filtrierten Wasser: Gesamtmenge des Abdampfrückstandes, sein Glührückstand bzw. Glühverlust, Chlor, Nitrat- und Nitritstickstoff; ferner sowohl im unfiltrierten wie im filtrierten Wasser: Gesamtstickstoff, organischer Stickstoff, Ammoniakstickstoff, Albuminoidstickstoff und Kaliumpermanganatverbrauch.

Für die Beurteilung des durch eine Reinigungsanlage erreichten Klärerfolges entnimmt man sowohl von dem unbehandelten Abwasser, dem Rohwasser, wie auch von dem behandelten Abwasser Proben, und zwar teils Stichproben, teils Durchschnittsproben. Die ersteren sind Einzelproben, die für sich untersucht werden; unter Durchschnittsproben werden Einzelproben verstanden, die in bestimmten Zeitabschnitten (alle 5 Minuten, viertelstündlich, halbstündlich usw.) geschöpft und in grösseren Behältern — jede Abwasserart natürlich für sich — innig miteinander gemischt werden. Hiervon wird dann die Durchschnittsprobe genommen, die dann untersucht wird.

Sowohl bei Stichproben wie bei Durchschnittsproben hat die Entnahme des behandelten Abwassers zu einem derartigen Zeitpunkte zu erfolgen, dass die Roh- und Reinwasserproben miteinander korrespondieren. Mit der Entnahme des gereinigten Abwassers darf also erst dann begonnen werden, wenn man sicher ist, dass das Rohwasser, von dem man Proben gezogen hat, die Kläreinrichtung passiert hat und zum Abflusse kommt. Will man den Reinigungserfolg einer Abwasseranlage prozentual zum Ausdruck bringen, so ist die Entnahme derartiger „korrespondierender“ Proben unerlässlich. Wird bei dem Durchgang des Abwassers durch eine Reinigungsanlage dasselbe z. B. durch reine Wässer verdünnt, oder ist die sichere Entnahme korrespondierender Proben aus anderen Gründen — das in eine Kläranlage eintretende Abwasser wird durch das bereits vorhandene Abwasser verändert — nicht möglich, so ist von der Angabe bestimmter Reinigungsprozente abzusehen, und die Befunde, die an den entnommenen Roh- und Reinwasserproben erlangt worden sind, sind dann an sich betrachtet zu bewerten.

Der leitende Arzt eines Krankenhauses oder eines Genesungsheimes darf im übrigen die Aufsicht über die Reinigungsanlage nicht auf einige Male im Jahre beschränken. Ebenso wie jeder einzelnen Station seines oft reich verzweigten Betriebes hat er auch der Abwasserbeseitigungsanlage seine Aufmerksamkeit zu schenken, und ein verständnisvolles Eingehen auf die Einzelheiten des Reinigungsbetriebes muss für ihn ebenso wichtig sein, wie seine übrige Anstaltstätigkeit. Geschieht dies, so wird die Kläranlage auch Befriedigendes leisten, die Vorflut wird durch die Abwässer der Anstalt nicht verunreinigt werden, und die einer Anstalt zugute kommende Ableitung ihrer Abwässer bietet dann keine Gefahr mehr für die Vorflut und für die an ihr unterhalb der Einleitungsstelle der Schmutzwässer vorhandenen Anlieger.

Richtige bauliche Anordnung der Kläranlage, Anpassung des Verfahrens an die örtlichen Verhältnisse und nur etwas Verständnis für die Bedeutung der Anlagen, vermögen also den sog. kleinen Anlagen das Odium des Nichtfunktionierens leicht zu nehmen. Auch die Firmen, die Abwasseranlagen bauen, könnten viel zum dauernden, richtigen Funktionieren dieser Anlagen beitragen. Mit der Uebergabe der Anlage dürften sie ihre Tätigkeit als abgeschlossen noch nicht ansehen; sie müssten vielmehr auch noch später — und zwar im Jahre etwa einmal — die von ihnen errichteten Anlagen aufsuchen und beratend eingreifen, wenn dies notwendig sein sollte. So würden sie dann nicht allein der betreffenden Anlage nützen, sie würden auch selbst aus den aufgetretenen Schwierigkeiten lernen und könnten dann bei Neuprojektierungen die gemachten Erfahrungen nutzbringend wieder verwerten.

Vieles ist im übrigen infolge der wachsenden Kenntnis der Leistungsfähigkeit der einzelnen Reinigungsverfahren bereits besser geworden; viel zur Aufklärung haben gerade die Schwierigkeiten des einzelnen Falles beigetragen, und es ist überraschend, wie in solchen Fällen die Besitzer von Kläranlagen oft wissenschaftlich orientiert sind. Liebevolles und andauerndes Interesse sowie die Rücksichtnahme auf die Eigenarten des Klärbetriebes sind eben unerlässlich; dann aber kann man ruhig an die Errichtung von Kläranlagen herangehen und wird zufrieden sein.

Verzeichnis und kurze Charakterisierung verschiedener Abwasserreinigungsverfahren.

Die zur Behandlung der Abwässer in Deutschland empfohlenen „Verfahren“ sind sehr zahlreich und mannigfach; ihre Zahl steigt noch um ein beträchtliches, wenn man ausserdem noch die Systeme mit in Berücksichtigung zieht, die in andern Ländern, z. B. in England und in Frankreich, für die Abwasserreinigung empfohlen werden. Die nachstehende Aufzählung will an erster Stelle nun besonders diejenigen Verfahren berücksichtigen, die bei der Behandlung kleiner Abwassermengen genannt werden oder dafür Verwendung gefunden haben. In dem Verzeichnis sind weiter aber auch solche Verfahren aufgeführt, die ausserdem auch noch in Grossbetrieben verwendet werden; Einrichtungen, die ausschliesslich nur in grossen Anlagen eingeführt sind, erfuhren dagegen keine besondere Erwähnung. Bezüglich der Bewertung der Systeme sei im übrigen auf die voraufgegangenen Ausführungen verwiesen.

A. B. C.-Verfahren: Englisches Klärverfahren, bei dem **A**lumino-ferric, **B**lood, **C**harcoal und **C**lay als Zuschläge zu dem Abwasser Verwendung finden. Der erhaltene Schlamm wird entwässert und als „Native guano“ verkauft.

Adams-Systeme (Hydraulics Ltd., London): Nach Art des Segnerschen Wasserrades arbeitende Sprinklerkonstruktionen, Patent-Hebeapparate z. B. für 2stufige Füllkörperanlagen, mit biologischem Verfahren kombinierte Absitzverfahren, Multiple-Contactbed und andere Abwasserkonstruktionen. Für Hauskläranlagen besonders durchgebildete Systeme.

Allensteiner Rechen, System Luckhardt (Carl Franke, Bremen): Grobrechen von verschiedener Stabweite, der aus der Zulaufrinne herausgehoben und alsdann über die Lowry zwecks Entleerung der aufgefangenen Schwimmstoffe umgelegt werden kann.

Auscher Puisard absorbant: Französische Hauskläranlage nach dem Tropfverfahren. Vorbehandlung in einem Faulraum; Tropfkörper aus perforiertem Eisenblech, aus verschiedenkörnigem Material aufgebaut. Der in den Erdboden versenkte Tropfkörper ruht auf einem Gewölbe: das Abwasser tropft durch den biologischen Körper und soll im Untergrund versickern.

Barbas und **Balas** Transformateur: Französische Hauskläranlage zur Behandlung der Klosettabflüsse (ohne Regen- und Wirtschaftswässer). Einkammeriger Faulraum und 4 übereinander angeordnete kleine (Etagen-)Tropfkörper mit vorgeschalteten Vorbecken zur Regelung des Abwasserzuflusses. Auf gute Ventilation bis zum Dach des Hauses wird Wert gelegt.

Biolytischer Brunnen von Winslow und Phelps: Brunnen, in dem das Abwasser unten eingeführt und oben durch ein Rinnensystem abgeleitet wird. Der sich hierbei ausscheidende Schlamm soll durch das durchströmende frische Abwasser gewaschen werden.

Bordeaux-Grube, verbesserte Fosse Mouras: Zweiteilige Faulraumanlage, die immer noch etwas schwer zugänglich ist, und bei der auf die Schwimmdeckenbildung nicht genügend Rücksicht genommen ist (vgl. Abb. 25)

Bordigoni Transformateur intégral: Französisches Hauskläranlagensystem. Zuerst Faulraum, dann Faulraum mit Kalksteinen angefüllt, schliesslich Hürden, die vom Abwasser durchflossen werden.

Braun, J. & Co., Wiesbaden (Arndtstr. 8): Hauskläranlagen und Anstaltsanlagen in verschiedener Art der Durchbildung. Mehrteilige Faulgruben oder Faulgruben mit nachgeschaltetem Tropfkörper: gegebenen Falles mit Desinfektionseinrichtungen verbunden (vgl. die Abb. 8, 13 und 36).

Braun, Oberbaurat, Ulm (Klenk & Co., Stuttgart, Johannesstr. 14).

1. Biologische Tropfkörperanlage (vgl. Abb. 1) mit Faulraumvorbehandlung: Verteilung des Abwassers durch eine Rinnenvorrichtung mit Bleiwollfäden (Abb. 50).

2. Selbsttätige Mischvorrichtung für Desinfektionsflüssigkeit und Abwasser, aus Chlorkalkbehälter, aus mit Schwimmer ausgestattetem Dosiergefäss und aus Sammelgefäss für das biologisch gereinigte Abwasser bestehend. Die angesammelten Abwässer und eine entsprechend grosse Chlorkalkmischung werden selbsttätig abgesaugt. Hinter der Mischvorrichtung ist eine Grube, in der sich das Wasser mit dem Desinfektionsmittel 2 Stunden lang aufhalten kann, angeordnet (vgl. die Abb. 1 und 9).

Brixsche Spülabortgrube (Städtereinigung und Ingenieurbau, Wiesbaden, Rheinstr. 32): Mit chemischen Zuschlägen arbeitende Hauskläranlage. Das in der 1. Grube entschlammte Abwasser wird in der 2. chemisch geklärt und in der 3. gegebenenfalls noch desinfiziert (vgl. Abb. 6).

Abbildung 50.

Rinnenvorrichtung System Oberbaurat Braun in schematischer Darstellung.

Bromberger Abwassersiebtrommel (G. Windschild, Cossebaude): Die im Innern der Trommel abgefangenen festen Stoffe werden beim Rotieren der Trommel teils infolge der Adhäsion teils durch Querleisten mitgenommen und durch eine oberhalb der Trommel angebrachte Druckluftdüse abgeblasen.

Cameron-Verfahren (Septic Tank-Verfahren, Exeter-Verfahren; Septic Tank Co. Ltd., Victoria Street, London; Gesellsch. f. Wasserversorg. und Abwässerbeseit., Berlin SW. 11, Königgrätzer Str. 90): Vorbehandlung des Abwassers in überdeckten Faulräumen: einstufige, aus feinkörnigem Material aufgebaute Füllkörper („Cameron-Filter"); Beschickung und Entleerung der Körper automatisch durch den sogenannten automatischen Gürtel (vgl. Abb. 29); ferner auch Tropfkörper mit Röhrenverteilung und stossweiser Abwasserzuführung (vgl. Abb. 28).

Candy-Verfahren (Internationales Verfahren, Ferrozone-Verfahren, Polarite-Verfahren, Carboferrit-Verfahren; Westminster Palace Gardens, Victoria Street, London): Vorbehandlung des Abwassers in Absitzbecken oder -brunnen (Vermeidung weitgehenderer Faulprozesse) oder in Klärbecken (Ferrozone); einstufige Filter oder ein- oder zweistufige Tropfkörper, meistens nur 1 m hoch mit oder ohne Polarite- oder Carboferritschicht; Verteilung des Abwassers über die Tropfkörperoberfläche durch Rinnen oder durch drehbare, mit je einem „Unterbrecher" ausgestattete Sprinkler („Candy-Sprinkler").

Chorley-Filter: In massive Becken untergebrachte, 1 m hohe Tropfkörper, denen das chemisch vorgeklärte Abwasser durch Heberkammern etwa alle $1/2$ Stunde in solcher Menge zugeführt wird, dass das Wasser das Filter einige Zentimeter überstaut. In Chorley (Engl.) werden einem 170 qm grossen Filter $^1/_2$stündlich etwa 11 cbm Abwasser zugeführt. Das Filter ist daselbst von unten nach oben wie folgt aufgebaut: 60 cm grober Kies von Walnussgrösse; 22,5 cm Schlacke von Erbsengrösse; 17,5 cm feinster Kies von etwa 1—3 mm. Für 1 cbm tägliches Abwasser, das chemisch oder biologisch vorgereinigt worden ist, sind etwa 1—2 qm Filteroberfläche vorzusehen.

Corbett-Verfahren (Salford-Verfahren): Behandlung des Abwassers in Klärbecken, dann Filtration durch Kies, schliesslich Reinigen in Tropfkörpern (aerating filters); Verteilung des Abwassers über die Tropfkörper durch Streudüsen.

Degoix, Fosse septique et lit pour habitations: Faulraum, Nebenkammer und Tropfkörper; Abwasserverteilung durch gelochte Röhren.

Dibdin-Verfahren (W. J. Dibdin, London).

1. Sutton-Verfahren: Vorbehandlung in Klärbecken, Absitzbecken oder nur oberflächlich durch Gitter (Lösen der Schlammfrage im biologischen Körper); ein- oder zweistufige Füllkörper („Dibdinfilter"); Material in der Regel Koks oder burnt ballast.

Abbildung 51.

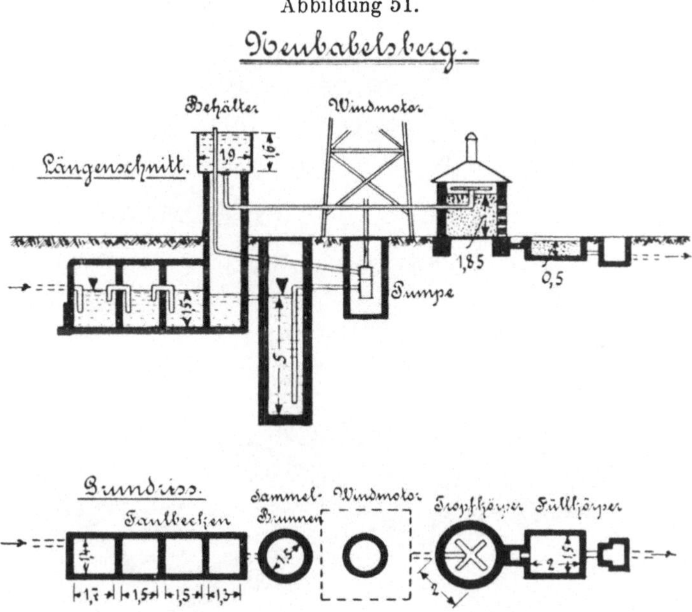

Kläranlage System Dittler für das Invalidenheim Neubabelsberg bei Berlin nach Imhoff.

2. Schieferplattenkörper (Dibdins Biological Slate Beds, 47 Victoria Str., London): Füllkörper aus Schieferplatten aufgebaut. Das durch Sandfang vorgereinigte Wasser wird in dem Füllkörper zusammen mit allem Schlamm behandelt; die Schlammfrage soll damit gelöst werden. Die Schieferplattenkörper dienen vorzugsweise nur als Vorreinigung.

Dittler-Verfahren (System Wasserversorgung und Abwasserreinigung „Biologos", G. m. b. H. Berlin): Vorbehandlung des Abwassers in überdeckten Faulbecken, meistens mehrere hintereinandergeschaltet; einstufige Tropfkörper (Dittler-Turm); Verteilung des Abwassers über die Tropfkörperoberfläche vermittels rotierender Sprinkler (vgl. Abb. 51).

Ducat-Verfahren: Vorbehandlung in Absitz-, Klär- oder Faulbecken; einstufiger Tropfkörper (Ducatfilter), dessen Seitenwände aus schief gelegten Drainröhren bestehen, und der durch Röhrensysteme künstlich belüftet und beheizt wird; Verteilung des Abwassers über den Tropfkörper vermittels Kipprinnen.

Dunbar-Verfahren (Hamburger Tropfkörper, Dunbarsche Tropfschale): Vorbehandlung des Abwassers den Verhältnissen entsprechend, entweder nur oberflächlich oder weitergehender, in Absitz- oder Faulbecken bzw. -brunnen; ein- oder zweistufige Tropfkörper, welche nach Art der Sandfilter bei der Oberflächenwasserfiltration aus Schlacke, Koks usw. aufgebaut sind. Die Oberfläche der Körper ist schalenförmig vertieft; die Verteilung des

Abwassers über die Tropfkörper-Oberfläche erfolgt durch eine Lage feinen (1—3 mm) Materials (Abb. 31).

Ein Dunbar-Körper zeigt etwa folgenden Aufbau (vgl. Abb. 52):

Deckschicht:	Korngrösse 1— 3 mm,	50 cm hoch	
Uebergangs-schichten:	„ 3—10 „	10 „ „	
	„ 10—30 „	10 „ „	
	„ Gänseeigrösse	10 „ „	
Unterbau:	„ Kindskopfgrösse	100 „ „	

Dyckerhoff & Widmann, System: Aus Zementringen hergestellte Faulgrubenanlage; die zwei Gruben sind durch Kniestücke miteinander verbunden; in der ersten Grube soll gegebenen Falls eine Desinfektion mit Chlorkalk vorgenommen werden.

Abbildung 52.

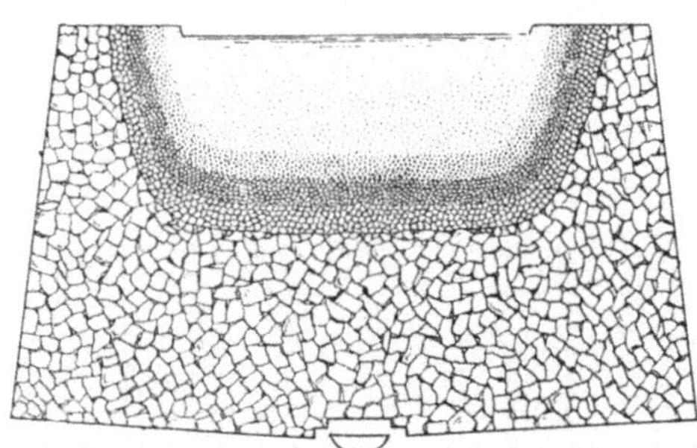

Hamburger Tropfkörper System Dunbar.

Abbildung 53.

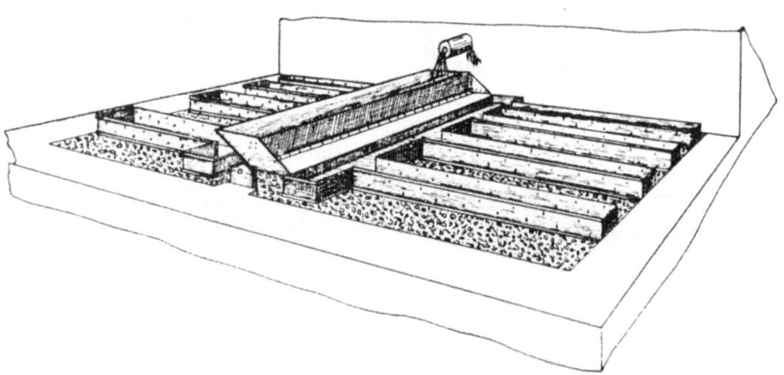

Offene Kipprinne mit festen Verteilungsrinnen, System Farrer.

Emscherbrunnen, System Imhoff (Heinrich Scheven, Düsseldorf, Oststr. 128/132): Vgl. hierzu die Ausführungen in Kapitel VI.

Farrer (W. E. Ltd. Star Works, Cambridge Str. Birmingham) Kipprinnenverteilung für Tropfkörper: Geschlossene (Abb. 32) und offene (Abb. 53) Kipprinnen.

Fidler, Frischwasserklärsystem (Ham, Baker & Co., Ltd., London): Spiralförmige Drehvorrichtung zur Entfernung des Schlammes aus Brunnen und aus langgestreckten Absitzbecken.

Fosse Mouras: Alte französische, einkammerige Hauskläranlage aus dem Jahre 1860. Sie ist der Vorläufer der in Bordeaux errichteten Gruben und stellt in gewissem Sinne die erste, allerdings sehr mangelhafte Faulraumanlage dar (vgl. Abb. 24).

Friedrich (M. & Co.): Chemisches Klärverfahren, bei dem teils saure (Eisensalze, Karbolsäure), teils alkalische Präparate (Karbolsäure, Eisen- und Tonerdeverbindungen nebst Kalk) als chemische Zuschläge zu dem Abwasser benutzt werden. Das Friedrichsche

Verfahren, bei dem zur Abwasserbehandlung geschwelte Schlammkohle benutzt wird, gehört zur Gruppe der sog. Huminverfahren (Kohlebreiverfahren).

Garfield-Verfahren (Verfahren in Lichfield-England): Vorbehandlung meist in Klärbecken; einstufiger Tropfkörper aus Kohle in Lagen von verschiedener Korngrösse aufgebaut (Garfieldfilter); Verteilung durch mit Hand umstellbare Sprinklerröhren; Betrieb der Tropfkörper meist intermittierend.

Gaultier, Fosse „Simplex": Französische Hauskläranlage, bestehend aus dreikammerigem Faulraum und aus einem Tropfkörper, der schichtenweise aus verschiedenkörnigem Material

Abbildung 54.

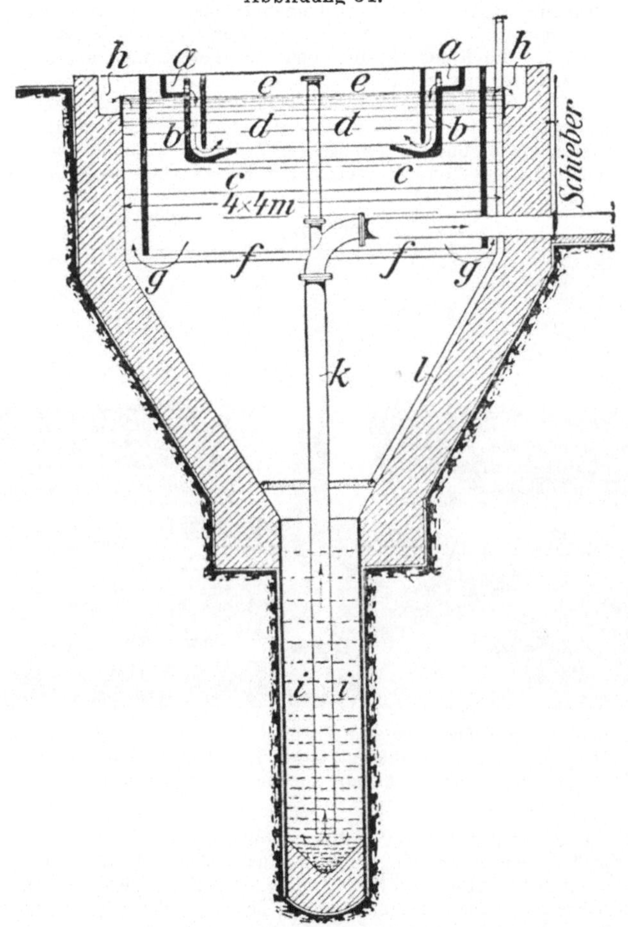

Mechanische Frischwasseranlage (Brunnenanlage) mit Schlammzylinder System Kremer (Kusch). a = Zulaufrinnen; b = seitliche Zulaufkanäle; c = Vorstösse; d = Fettfänger; e = Schwimmschicht; f = Klärraum; g = Umlaufkanten; h = Ueberlaufrinne; i = Schlammzylinder; k = Schlammleitung; l = Spülleitung.

aufgebaut ist. Das biologisch gereinigte Wasser soll ohne Nachbehandlung im Untergrund versickern.

Geiger (Geigersche Fabrik, G. m. b. H., Karlsruhe i. Bd., Rüppurerstr. 66): Verschiedenartige Systeme und Einrichtungen für Abwasserkläranlagen.

1. Kipprechen: Aus dem Abwasser heraushebbarer Rechen zum Abfangen der groben Abwasserbestandteile (Grobreiniger).

2. Siebschaufelrad: Die abgefangenen Stoffe werden von den halbkreisförmigen Siebschaufeln in aufgerichteter Stellung abgestrichen. Die fünf auswechselbaren Schaufeln

bestehen aus konisch gepressten Drahtsieben von 1, 2 oder mehr Millimeter Schlitzweite (Feinreiniger).

3. Beschickungsvorrichtung zur Regelung des Abwasserzuflusses zu Tropfkörpern, zu Chorleyfiltern u. dgl.: Der Apparat besteht aus einem Schwimmrohr, das in einem entsprechend grossen Aufspeicherungsbehälter eingebaut wird (vgl. Abb. 40).

4. Verschiedene Fettfänger-Konstruktionen mit und ohne Schlammabsitzraum; vgl. Abb. 4.

Glas (F., Leipzig), Staugrubensystem nach dem Desinfektionsverfahren: Das Verfahren besteht aus einer Vorgrube mit Stauventil, in die wöchentlich ein- bis zweimal das Desinfektionsmittel (Aetzkalk, Chlormagnesium und Teer) zugegeben wird. Der mit einer Rührvorrichtung versehene Stauventilkegel wird nach Bedarf mit Hand gezogen, der Inhalt der Vorgrube gelangt dann in die Hauptgrube, von der aus das geklärte Wasser vermittels eines Bogenrohres in die Kontrollgrube und aus dieser, nach abermaligem Ziehen eines Stauventilkegels, zum Abfluss gelangt.

Happ (& Co., Zürich), Klärkesselsystem für Klosettwässer: Faulraumanlage, in der die Fäkalien in ähnlicher Weise, wie beim Züricher Abortkübelsystem durch die abstürzenden Klosettwässer zertrümmert und ausgelaugt werden. Die fauligen, aber mehr oder weniger weitgehend entschlammten Abwässer sollen der Kanalisation zugeführt werden.

Abbildung 55.

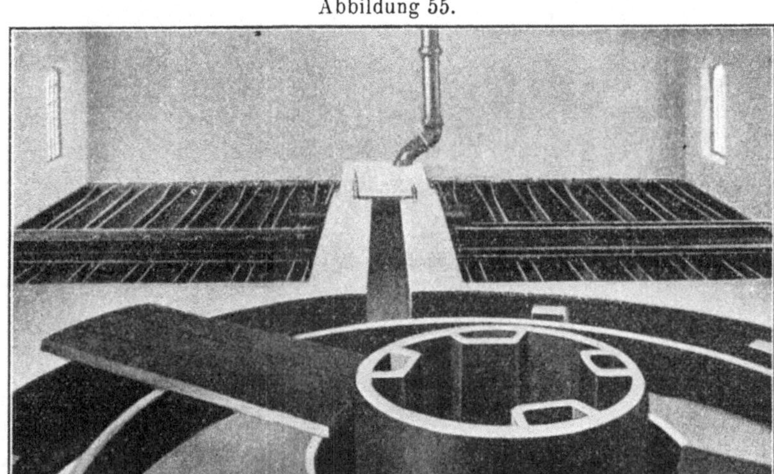

Mechanisch-biologische Kläranlage des Truppenübungsplatzes Jüterbog-Neues Lager. Kremerfaulbrunnen mit nachgeschaltetem Tropfkörper und Kipprinnenverteilung. Die Anlage ist mit einem Ueberbau versehen. Anlage Sommer 1911 erbaut.

Heyd (Ges. f. Abwasserklärung m. b. H., Berlin-Schöneberg, Kaiser Friedrichstr. 9): Auf dem Kremer-Prinzip beruhendes Fettfängersystem für kleinere Abwassermengen (vgl. Abb. 3).

Kremer-Verfahren (Ges. f. Abwasserklärung m. b. H., Berlin-Schöneberg, Kaiser Friedrichstrasse 9): Das Kremer-Prinzip beruht auf der Trennung des Schlammes in eine verhältnismässig fettreiche Schwimmschicht und eine fettarme Sinkschicht.

1. Fettfänger nach dem Kremer-Prinzip vgl. Abb. 2.

2. Kremer-Apparat mit Abstreichvorrichtung; ältere, jetzt nicht mehr gebaute Konstruktion (vgl. Abb. 19).

3. Kremer-Apparat mit Schlammzylinder (System Kusch): Aufenthalt des Abwassers in dem Sedimentierraum bei Trockenwetter 1—2 Stunden. Frischwasserkläranlage (vgl. Abb. 54).

4. Kremer-Imhoff-Brunnen (Kremer-Faulbrunnen): Mechanische Reinigung des Abwassers nach dem Kremer-Prinzip; der absinkende Schlamm gelangt durch Schlitze in den darunter angeordneten, vom Abwasser nicht durchflossenen Schlammzersetzungsraum (vgl. Abb. 19, 48 und Abb. 55).

Leedsfilter: Vorbehandlung des Abwassers durch Gitter (nur oberflächliche Vorreinigung), dann einstufiger, aus ganz grobem Material (Grösse von Backsteinen) aufgebauter Tropfkörper; Verteilung des Abwassers durch drehbare Sprinkler.

Lehmann (& Co., München, Konstanz, Zürich) - Systeme: Klärkessel oder Klärgruben nach dem Faulkammerprinzip, gegebenen Falles mit angeschaltetem Tropfkörper; Abwasserverteiler eigener Konstruktion.

Liebold, Hermann (G. m. b. H., Dresden, Grosse Kirchstr. 3/5) - Verfahren: Klärkessel- und Grubensysteme nach dem Faulprinzip, gegebenen Falles mit angeschaltetem Tropfkörper eigener Konstruktion.

Lowcock-Verfahren: Vorbehandlung in Klärbecken; einstufiger, künstlich belüfteter Tropfkörper; Verteilung durch Rinnensysteme.

Mather & Platt Ltd. (Salford Iron Works, Manchester) - Systeme: Konstruktionen zur automatischen Beschickung von Füll- und Tropfkörpern; Sprinklerkonstruktionen.

Merten-Klärkessel (Ges. f. Wasservers. u. Abwässerbes., Berlin SW. 11, Königgrätzerstr. 90): Vollständig über Gelände angeordnete Klärturmkonstruktion; Betrieb auf dem Heberprinzip beruhend. Schlammabscheidung selbsttätig nach einem unter dem Behälter angeordneten Schlammschacht.

Mondrion-Verfahren: Absitzverfahren mit getrennter Schlammfaulung (Frischwasserkläranlage). Durch entsprechende Anordnung eines Tauchrohres wird im Schlammfaulraum dauernd ein tieferer Wasserstand gehalten. Damit soll ein sicheres Abrutschen des aussedi-

Abbildung 56.

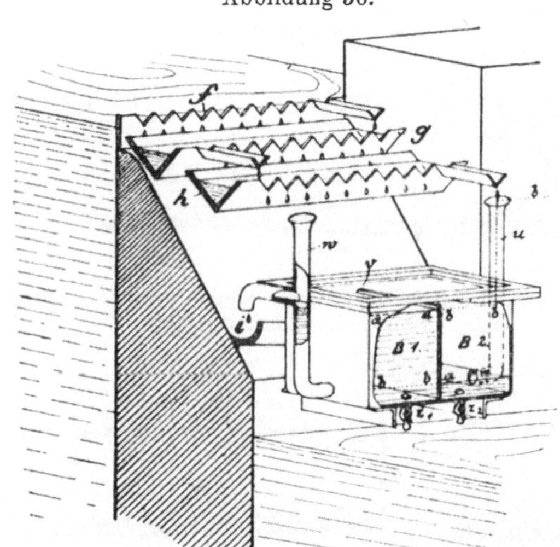

Desinfektionseinrichtung für mechanisch vorgereinigtes Abwasser System Neumeyer, Nürnberg.

mentierten Schlammes in den Schlammzersetzungsraum gewährleistet und ein Rücktritt von fauligem Wasser in den Absitzraum vermieden werden.

Müller-Nahnsen-Verfahren: Chemisches Fällungsverfahren, bei dem Aluminiumsulfat, Kieselsäurehydrat und Kalkmilch als chemische Zuschläge Verwendung finden.

Nadeïne-Verfahren: Einrichtung zur Trennung der festen und flüssigen Fäkalstoffe. Die getrennten festen Stoffe werden automatisch mit Torf versetzt; die flüssigen, mit dem Klosettspülwasser verdünnten Abgänge sollen weiter behandelt oder der Kanalisation zugeführt werden.

Neumeyer, Georg (Technisches Bureau für Abwasserreinigung, Nürnberg, Sulzbacherstr. 85) -Systeme:

1. Desinfektionsvorrichtung für mechanisch vorgereinigtes Abwasser (vgl. dazu Abb. 56): Am Uebergang der ersten oder zweiten Klärkammer in die nächste Kammer (Desinfektionskammer) ist ein Ueberlaufblech angebracht, das mit einer Anzahl Kerben (im vorliegenden Fall zehn) versehen ist. Der Abfluss von neun Einschnitten läuft unmittelbar in die Rinne *i* ab. Ein Zehntel des ganzen Ueberflusses dagegen wird durch Anfügung einer kleinen Leitrinne an die letzte Kerbe in die quer liegende Rinne *g* eingeführt. Diese ist wiederum mit zehn Kerben versehen, deren neun ihren Abfluss direkt in die Rinne *i* abgeben, während die verbleibende ihren Anteil, d. i. ein Hundertstel der ganzen Ueberlaufmenge, in eine zweite Querrinne *h* schickt. Hier vollzieht sich noch einmal eine Teilung durch zehn, und neun Teile gelangen geraden Wegs in die Ablauf-

rinne *i*. Der Ueberlauf der letzten Kerbe, d. i. ein Tausendstel der gesamten überfliessenden Abwassermenge, wird durch das Rohr *u* in den Desinfektionsapparat eingeleitet. Hat nun die Chlorkalklösung im Raum *B1* das Verhältnis 1 : 2, so geschieht die Beimengung zum Klärwasser durch das Rohr *w* im Verhältnis 1 : (2 × 1000) oder 1 : 2000. Durch entsprechende Wahl der Kerbenzahl und des Lösungsverhältnisses lässt sich auch jedes andere Mischungsverhältnis herstellen. Der Apparat kann auch bei biologischen Anlagen ohne nennenswerten Gefällverlust (etwa 10 cm) eingebaut werden.

2. Desinfektionsvorrichtung für biologisch vorgereinigtes Abwasser (vgl. Abb. 11).

3. Biologische Hauskläranlage: Mehrkammerige Faulanlage mit Tropfkörper und mit einem Revisions-, Sedimentations- und Desinfektionsschacht. Die intermittierende Beschickung des Tropfkörpers erfolgt durch Doppelkipper mit geringer Füllmenge, die das Abwasser in Tropfrinnen ausgiessen.

Neustadter Anlagen (Ges. f. Wasser- und Abwasserreinigung, Neustadt a. d. Haardt):

1. Biologische Hauskläranlage: Vorreinigung und Tropfkörper mit rotierender Sprinklerverteilung (Abb. 7).

2. Neustadter Doppelbecken mit Schlammförderkolben: Frischwasserkläranlage mit getrennter Schlammfaulung in länglichen, getrennten Räumen. Das entsandete

Abbildung 57.

Neustadter Doppelbecken: Klärbecken zur Behandlung des Abwassers mit Verschlussbalken im Längsschnitt.

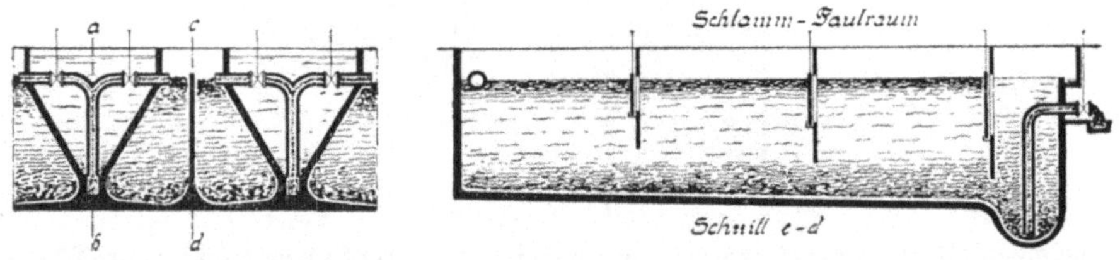

Neustadter Doppelbecken; links: Querschnitt, die getrennten Schlammräume und zwei dazwischen gelagerte Klärbecken sind zu sehen; rechts: Längsschnitt durch einen Schlammfaulraum (Wasser- und Abwasserreinigungsgesellsch. m. b. H. Neustadt a. d. H., Rheinpf.)

und von Sperrstoffen durch Grobrechen befreite Abwasser wird dem mit stark geneigten Seitenwänden und mit einer Rinnenvertiefung versehenen Klärbecken zugeführt, das mit einer Tauchwand am Einlauf und mit einem Verschlussbalken, zum Zudecken der Schlammrinne, ausgestattet ist. Der verhältnismässig flache Schlammzersetzungsraum ist durch Zwischenwände in einzelne Abteilungen zerlegt worden (vgl. Abb. 57).

Nürnberger Hauskläranlage: Zweigeteilte Abortgrube mit nachgeschaltetem, senkrecht stehendem kleinen Gitter. Ausserdem ist ein Behälter vorhanden, der die Klär- und Desinfektionsmittel (Kalk und schwefelsaure Tonerde) aufzunehmen hat.

Proehl-System: Hauskläranlage aus einer Grube bestehend, die durch eine Betondecke in zwei Kammern geteilt wird. Das Abwasser geht von der unteren Kammer in die obere. Am Ende der Grube befindet sich ein Desinfektionsgefäss.

Pulsator - Abwasserreinigungsverfahren von „Brown“: Absitzbecken, dahinter biologischer Tropfkörper, über den das vorbehandelte Abwasser durch automatisch sich einstellende Düsen (Pulsatordüsen) verteilt wird.

Riensch- (Maschinenfabrik A.-G. vorm. G. Heerbrandt, Raguhn-Anhalt) und **Riensch-Wurl** (Wilhelm Wurl, Berlin-Weissensee, Roelkestr. 70/71) -Systeme: Verschiedene Rechenkonstruktionen zur Grob- und Feinabsiebung des Abwassers; vgl. die Abb. 12 und 15.

Roscoe-Verfahren: Vorbehandlung in Klärbecken, einstufige Füllkörper, schichtenweise aus verschiedenkörnigem Material aufgebaut (Roscoefilter).

Rothe-Röckner-Verfahren; Rothe-Degener-Verfahren, Kohlebreiverfahren (Wilhelm Rothe & Co., Berlin, Klopstockstr. 51): Beim Rothe-Röckner-Verfahren findet als Hauptfällungsmittel Kalk, beim Rothe-Degener-Verfahren finden Braunkohlen u. dgl., ferner schwefelsaure Tonerde als Zuschläge Verwendung; vgl. im übrigen S. 33.

Schumann, A., (Worms) Beschickungs- und Entleerungsvorrichtung für Füllkörperanlagen: Mit Schwimmern versehene, als Kipprinne ausgebildete Zuflußrinne, die mit beweglich ge-

Abbildung 58.

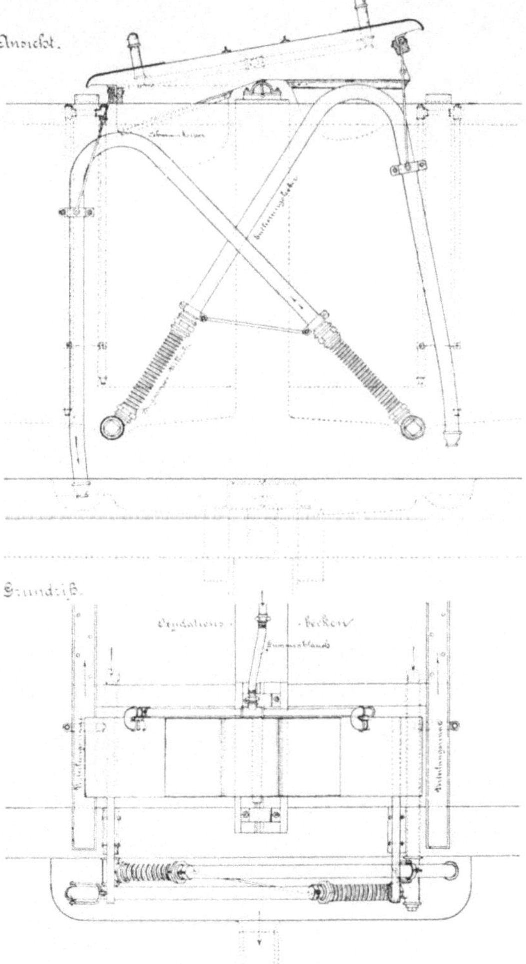

Selbsttätige Beschickungs- und Entleerungsvorrichtung System Schumann (Worms).

machten gekreuzten Hebern, die ausserhalb des Füllkörpers liegen, verbunden sind. Durch das durch die Zuflussrinne bewirkte Heben und Senken der Heber werden diese abwechselnd zum Ansaugen gebracht, und der betreffende Füllkörper wird damit dann entleert (vgl. Abb. 27, ferner Abb. 58).

Schweder-Verfahren (Schweder & Co., Berlin-Lichterfelde, Ringstr. 106/7): Vorbehandlung in überdeckten Faulräumen; ein- oder zweistufige Füll- oder Tropfkörper; ferner Etagen-Tropfkörper — zwei übereinander angeordnete Tropfkörper — (vgl. die Abb. 30, 37, 38, 59 und 60).

Abbildung 59.

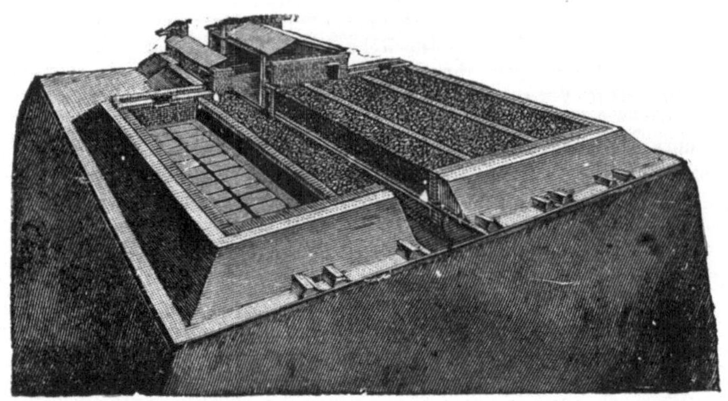

Modell der ersten deutschen, im Frühjahr 1897 in Berlin-Lichterfelde errichteten biologischen Anlage (vgl. auch Abb. 60).

Abbildung 60.

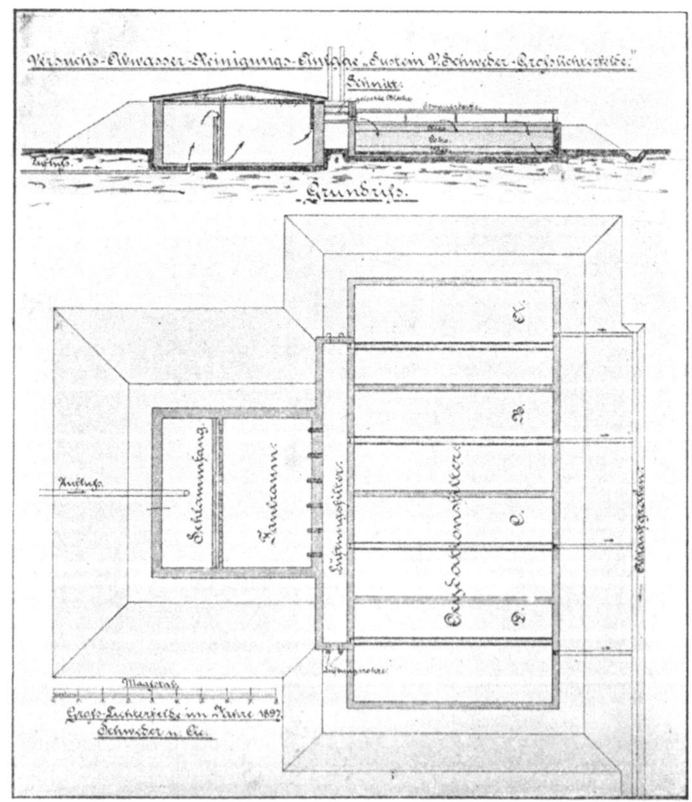

Biologische Versuchsanlage Berlin-Lichterfelde: Zweiteiliger Faulraum, Lüftungsschacht und vier nebeneinander geschaltete Füllkörper. Dahinter befand sich ein Teich, der ungefähr das Tagesquantum an Wasser (100 cbm) fasste.

Scott-Moncrieff-Verfahren: Aelteres Verfahren (für kleinere Anlagen): Vorbehandlung des Abwassers in einem mit Steinen angefüllten Faulraume (cultivation tank); einstufiger Tropfkörper aus 5 bis 8 bis 9 übereinander gestellten Betonkästen (nitrifying trays) hergestellt; Verteilung des Abwassers durch feststehende Sprinklerröhren.

Neueres Verfahren (für grössere Anlagen): Vorbehandlung des Abwassers in Faulbecken, Nachbehandlung in einstufigen Tropfkörpern. Verteilung mit einem einarmigen, durch einen Petroleummotor angetriebenen Sprinkler.

Spreebrunnen (Gg. Horzetzky, Berlin): Frischwasserkläranlage mit getrenntem Schlammfaulraum. Die Schlammfaulraum-Abschlusshaube ist drehbar und kegelförmig ausgebildet, besitzt eine kastenförmige Schlammabstreichvorrichtung und ein zentrales Gas- und Schwimmschichtablaufrohr.

Stiag-Verfahren (Städtereinigung- und Ingenieurbau-A.-G., Wiesbaden, Rheinstr. 32): Frischwasserkläranlage mit darunter befindlichem Schlammzersetzungsraum und mit kurzen Schlammrutschflächen.

Abbildung 61.

Walzensprenger für die Gemeinde Simmern (Maschinenfabrik Wurl, Berlin-Weissensee).

Stoddart-Verfahren (F. Wallis Stoddart, Bristol, Engl.): Vorbehandlung des Abwassers in Klär- oder Faulbecken oder -brunnen: einstufiger, aus grobem Material frei (d. h. ohne feste Seitenwände) aufgebauter Tropfkörper (Stoddartfilter); Verteilung mittels gelochter Wellbleche mit Tropfstiften.

Süvernsches Verfahren: Behandlung der Abwässer mit Aetzkalk, Teer und Chlormagnesium.

Travis-Verfahren (Städtehygiene- und Wasserbaugesellschaft m. b. H., Wiesbaden, Sonnenbergerstr. 14; Battige und Schöneich, Berlin, Kurfürstenstr. 23): Frischwasserkläranlage mit getrenntem Schlammzersetzungsraum. Im Absitzraum Kolloidfänger (vgl. die Abb. 18, 20, 47, ferner S. 63).

Tuke & Bell Ltd. (Leadenhall-Street 69, London)-Systeme: Krystall-Abwasserfilter, bestehend aus einem Dibdinschen Plattenkörper, einem Humustank und einem Tropfkörper. Der Dibdinkörper ist mit automatischen Füll- und Zulaufapparaten ausgestattet; ferner Hauskläranlage, die mit Patenthebern und Patentverteilungströgen ausgestattet ist, und ähnliche, besonders für Hauskläranlagen durchgebildete Konstruktionen.

Vogelsang (Alfred, Dresden)-System: Biologische Hauskläranlage mit geteiltem Faulraum und mit Tropfkörper. Zur Erhöhung der quantitativen Leistungsfähigkeit soll dem Tropfkörper Ozon zugeführt werden. Die Verteilung des Abwassers über die Tropfkörperoberfläche geschieht bei genügendem Gefälle durch Walzensprenger.

Whittaker-Verfahren (Whittaker-Bryant-Verfahren): Vorbehandlung in Faulbecken: einstufiger Tropfkörper (thermal aerobic filters); Förderung des Abwassers auf den Tropfkörper vermittels Pulsometer; Verteilung des Abwassers durch drehbare Sprinkler (Whittaker-Sprinkler).

Wurl-Systeme (Wilhelm Wurl, Berlin-Weissensee, Roelkestr. 70/71): Kipprinnen (Abb. 33); Dreh- und Walzensprenger (Abb. 61), Desinfektionseinrichtungen (Abb. 10) und Schlammförderanlagen; ferner Separatorscheiben siehe Riensch.

York-Verfahren: Vorbehandlung in offenen Faulbecken; einstufiger Tropfkörper mit horizontalen Lüftungsröhren (York-Filter); Verteilung des Wassers über den Tropfkörper durch drehbare Sprinkler (York-Sprinkler).

Zenker & Quabis (Breslau, Berliner Chaussee 172)-Verfahren: Mehrteilige Faulraumanlage, in der sich das Abwasser bis 30 Tage aufhält (vgl. Abb. 26). Im Bedarfsfalle werden noch Tropfkörper angegliedert.

Literatur-Uebersicht.[1])

1) Abel, R., Die Vorschriften zur Sicherung gesundheitsgemässer Trink- und Nutzwasserversorgung. Verlag Schoetz, Berlin; Vorschriften über Anlage, Bau und Einrichtung von Kranken-, Heil- und Pflegeanstalten, sowie von Entbindungsanstalten und Säuglingsheimen. Minist.-Bl. f. Medizinalangelegenh. 11. Jahrg. S. 233.

2) Anklam, G., Die Wasserversorgung in Schaars Kalender für das Gas- und Wasserfach. 1911. S. 197 u. 198.

3) Barbas, M., Le transformateur, appareil d'épuration pour matières de vidanges. Revue d'Hygiène. 1911. Nr. 3. p. 281.

4) Battige, A., Die Abwasserreinigungsanlage des neuen Kasernements in Zerbst. Städte-Ztg. 1909. Nr. 14. S. 381.

5) Bayley-Denton, E., The water supply and sewerage of country districts, mansions and estates. Sanitary Rec. 1910. Vol. 46. p. 1, 25, 48, 73, 97, 117, 137, 157, 181, 211, 242, 282, 307, 329, 353.

6) Bechmann et Le Couppey de la Forest, Premier rapport de la commission d'études des divers procédés d'épuration des eaux d'égout; présenté au nom de la commission. Revue d'Hygiène. 1910. p. 69.

7) Bezault, Du rôle de la fosse septique dans l'épuration biologique. Vortrag. La Technique Sanitaire. 1908. Jahrg. 3; ferner 1910. Jahrg. 5.

8) Bonde, Welche Methoden bestehen für die unschädliche Beseitigung städtischer Abwässer und welches sind ihre Leistungen. Korrespondenzbl. d. allg. ärztl. Vereins von Thüringen. 38. Jahrg. 1909. S. 1.

9) Borel, Dr. und Dr. Loir, Séparation des matières fécales solides et liquides. Revue d'Hygiène. 1910. T. 32. p. 654.

10) Braun, Oberbaurat, Desinfektion von Abwässern. Zeitschr. f. Medizinalbeamte. 1910. S. 881.

11) Bréchot, Dr., Désinfection de l'effluent des water-closets par incinération des matières fécales et stérilisation des liquides par ébullition. Revue d'Hygiène. 1909. p. 1366.

12) Bredtschneider, Städtisches Abwasser und seine Reinigung unter Berücksichtigung des Abwassers aus Irrenanstalten. Psychiatr.-neurol. Wochenschr. 1906. Nr. 9.

13) Brook, J., The proper disposal of Domestic Wastes in Rural Districts. Surveyor. 1912. p. 79.

---

1) Die unter dem Text aufgeführte Literatur wurde in der Literatur-Uebersicht nicht mehr gebracht. Bezüglich der Frage der Desinfektion vergleiche auch die von Paetsch und Fr. Croner bearbeitete Literaturzusammenstellung in dem Sonderkatalog der Gruppe Desinfektion (Gruppenvorsitzender Geheimrat Proskauer) der Internationalen Hygiene-Ausstellung Dresden 1911, ferner die Zeitschrift „Wasser und Abwasser" (Bornträger, Berlin), die alles Wissenswerte auf dem Abwassergebiete sammelt und in Referaten zusammengefasst, zur Veröffentlichung bringt.

Bei der Zusammenstellung der Literatur-Uebersicht erfreute ich mich der wertvollen Unterstützung des Herrn Generalarztes Dr. Globig.

14) Calmette, A., L'épuration biologique et chimique des eaux d'égout. Paris. 1908. Bd. 3. p. 111.
15) Danville, State Hospital. Sewage Works. Engin. Record. 1910. p. 74.
16) Desbrochers, M., Nouvel Hôpital Claude-Bernard. Revue d'Hygiène. 1906. p. 118.
17) Dibdin, L. A., Sewage disposal at Netherne asylum. The Sanitary Record. 1909. p. 537.
18) Dittoe, W. H., The operation of sprinkling filter plants for small cities and villages. Ohio Eng. Soc. Report of the 32. Annual Meeting. p. 50.
19) Dunbar, Leitfaden für die Abwasserreinigungsfrage. München und Berlin. 1907. R. Oldenbourg.
20) Ferris, R. W., Operation of contact filter and intermittent sand filter installations for small cities and villages. Ohio Eng. Soc. Report. 1911.
21) Fowler, Gilb. J., Some principles underlying the design of small sewage installations. Vortrag in Edinbourgh, 27. März 1907; ferner Sewage disposal in India. Year book of the Indian Guild of Science and Technology. 1911.
22) Fraas, A., Ueber kleine Privatkläranlagen. Südd. Bauztg. 1910. Nr. 27.
23) Fraenkel, C., Zur Frage der Beseitigung von Abwässern aus Lungenheilstätten. Tuberculosis. 1903. Nr. 12. S. 555.
24) Gallego-Ramos, E., De conditions hygiéniques et des applications des fosses automatique système „Mouras". Assainissement et salubrité de l'habitation. Deuxième Congrès intern. Genève 1906. p. 735. Genève. Georg & Cie.
25) Gärtner, A., Leitfaden der Hygiene. Berlin 1909. S. Karger.
26) Gerhard, Wm. Paul C. E., The sanitation, water supply and sewage disposal of country houses. New York. D. van Nostrand Comp.
27) Gerstein, Die Emschergenossenschaft in Essen. 1912.
28) Graf, München, Kanalisation des Marktes Staufen. Biolog. Teil. Ges.-Ing. 1912. S. 202.
29) Hansen, P., Sewage disposal at Ohio State Tuberculosis Hospital. Eng. rec. 1911. Nr. 7. p. 194; ferner The design of small intermittent sewage filters. Eng. rec. 1910. p. 224; ferner Operation of sewage purification works. Ohio Eng. Soc. Report of the 32. Annual Meeting. p. 47. Columbus, Ohio 1911.
30) Hauptner, R., Ueber die Anwendung von Faulräumen. Beton und Eisen. 1911. X. H. 2. S. 36 und Die Abwasserreinigungsanlage für die Lungenheilstätte bei Rathenow in Brandenburg. S. 37.
31) Hecker, Abwasserkläranlagen mit besonderer Berücksichtigung des biologischen Systems. Zeitschr. f. Medizinalbeamte. 1907. S. 721; ferner Ueber biologische Kläranlagen. Ebenda. 1910. S. 865; ferner Ueber die Behandlung der Abwässer, mit besonderer Berücksichtigung des biol. Systems. Städteztg. 1912. H. 7, 8 und 9.
32) Henneking, C., Die Abwässerbeseitigung mittelst intermittierender Bodenfiltration in Nordamerika. Mitteil. a. d. Kgl. Prüfungsanst. f. Wasservers. u. Abwässerbeseit. H. 12.
33) Heusel, J., Fettfänger für Hauskanalisationen. Ges.-Ing. 1909. S. 268.
34) Hodgetts, Ch. A., The limitations of the domestic septic tank. The Sanitary Record. 1910. p. 447.
35) Hofer, B., Ueber die Vorgänge der Selbstreinigung im „Wasser". Münch. med. Wochenschrift. 1905. Nr. 47. S. 2266—2269.
36) Höpfner, Cassel, Die Entwässerung kleinerer Städte. Vortrag. Techn. Gem.-Bl. 1911. 14. Jahrg. S. 141, 157.
37) Horst, A., Ueber eine neue Senkgrubenentleerungsanlage „System Steinschegg". Der Amtsarzt. 1910. S. 167.
38) Imbeaux, Evacuation des immondices liquides égouts et vidanges. Paris 1911. Baillière et Fils.
39) Imhoff, Die biologische Abwasserreinigung in Deutschland. Mitteil. a. d. Kgl. Prüfungsanst. f. Wasservers. u. Abwässerbeseit. 1906. H. 7. A. Hirschwald, Berlin.
40) Immerschitt, E., Luftdruck-Hebeanlagen für Schmutzwasser und Klärschlamm. Der Städtische Tiefbau. 1911. S. 251, 283, 321, 337.
41) Jessen und Rabinowitsch, L., Die Vernichtung von Tuberkelbazillen in Flussläufen. Die Umschau. Frankfurt a. M. 1910. Nr. 24.
42) Kajet, A., Die Betriebsverhältnisse biologischer Kläranlagen im Kleinbetrieb. Städtezeitung. 1908/09. S. 212, 250.
43) Kröhnke, O., Ueber Spülabortgruben. Leipzig 1907. Leineweber.
44) Kühl, H., Hygienische Bedeutung der Kanalisation von Krankenhäusern und Sanatorien. Die Heilanstalt. 1909. S. 161.
45) Kutscher, Die von städtischen Abwässern zu besorgenden Infektionsgefahren und die Massnahmen zu ihrer Bekämpfung. Vierteljahrsschr. f. ger. Med. u. öffentl. Sanitätsw. 1910. H. 2. S. 388.

46) Laveran, A., Au sujet des fosses septiques. La Technique Sanitaire. 1909. Année 4. p. 199, 251.
47) Lübbert, A., Abwasserreinigung im Kleinbetrieb. Ges.-Ing. 1909. S. 141, 265, 306, 398, 453.
48) Malischewsky, Die biologische Abwasserreinigungsanlage des Bezirkskrankenhauses Charkow. Ges.-Ing. 1910. S. 943.
49) Maltschanski, W., Die biologische Abwasserreinigung im Kleinbetrieb. (Russisch.) Vgl. Wasser u. Abwasser. Bd. 4. S. 405.
50) Marston, A., and F. M. Okey, Small sewage disposal plants. Engineering Record. 1911. p. 207.
51) Marussig, A., Biologische Abwasserreinigungsanlagen für die Ansammlung und Entfernung häuslicher Schmutzwässer und Abortstoffe. Oesterr. Wochenschr. f. d. öffentl. Baudienst. 1912. H. 8. S. 131.
52) Mebus, Ch. F., Sanitary sewerage system and sewage disposal plant, State hospital for the insane, Danville, Pa. Journ. Eng. Soc. of Penns. 1910. Vol. 2. p. 439.
53) de Montricher, M., Epuration des eaux résiduaires dans les rues dépourvues d'égout, les petites agglomérations et les habitations isolées. La Technique Sanitaire. 1911. Année 6. p. 103.
54) Musehold, Ueber die Widerstandsfähigkeit der mit dem Lungenauswurf herausbeförderten Tuberkelbazillen in Abwässern. Arbeiten aus d. Kaiserl. Gesundh.-Amt. 1900. Bd. 17. H. 1.
55) Neuffer, Die biologische Kläranlage für die Abwässer vom Erweiterungsbau des städt. Krankenhauses in Heilbronn. Württ. Bau-Ztg. 1905. S. 245. Ferner Ueber Abwasserreinigung. Württ. Bau-Ztg. 1909. S. 161, 177.
56) Nicolaus, E., Die deutsche Städteausstellung in Dresden 1903. Ges.-Ing. 1903. Jahrgang 26. Nr. 24. S. 393/95, 411/14.
57) Nürnberg, Allgemeines städtisches Krankenhaus. Städte-Ztg. 1907/08. Nr. 15. S. 395.
58) Ohio State Board of Health. Report 1906—1907; u. a. vgl. Die Anstaltskläranlagen des Staates Ohio in „Wasser und Abwasser". Bd. 2. S. 308.
59) Parkes, L., House - drainage, sewerage and sewage disposal in relation to health. London 1909.
60) Périssé, S., L'épuration biologique des eaux usées dans la fosse même de l'habitation pour les envoyer à l'égout public ou au jardin. Rev. d'Hygiène. 1909. T. 31. p. 1386.
61) Peters, Anlage der Lungenheilstätten, in besonderer Rücksicht auf Lostau bei Magdeburg. Ges.-Ing. 1904. Nr. 22.
62) Phelps, E. B., The desinfection oft water and sewage. Eng. Rec. 1910. p. 646.
63) Philadelphia, Report on the — sewage purification experiments. 1911. Dunlap printing company, Philadelphia.
64) Pollitz, Die Wasserversorgung und die Beseitigung der Abwässer grösserer Krankenanstalten unter Berücksichtigung der Irrenanstalten. Vierteljahrsschr. f. gerichtl. Med. 3. Folge. Bd. 10. Suppl.-H. 1895. S. 103.
65) Proskauer, B., Abwässerbeseitigung in den Heilstätten. Bericht über die zweite Versammlung der Tuberkulose-Aerzte. Berlin, 24.—26. Nov. 1904; Berlin 1905, S. 22—26. Vgl. Revue d'Hygiène et de police sanitaire. 1905. p. 328.
66) Recknagel, Kalender für Gesundheitstechniker 1912. München u. Berlin. Oldenbourg.
67) Reichle, C., Ueber Verteilungseinrichtungen bei kleinen biologischen Tropfkörpern. Mitteil. aus d. Königl. Prüfungsanst. f. Wasserversorg. u. Abwässerbeseitigung. H. 13. Berlin 1910. S. 103—120.
68) Reichle, C., Die Behandlung und Reinigung der Abwässer. Dissertation. Hirzel. Leipzig 1910.
69) Richter, R., Die biologische Kläranlage der Kgl. Landesanstalt Gr.-Schweidnitz. Wasser und Abwasser. Bd. 1. S. 509.
70) Richter, R., Ueber die Beurteilung und Kontrolle biologischer Kläranlagen in Anstalten. Pharm. Zentralh. 1911. Nr. 35—37. Ferner Leitorganismen des Abwassergrabens der biologischen Kläranlage in Gr.-Schweidnitz. Pharm. Zentralh. 1911. S. 613.
71) Roepke, O., Zur Beseitigung und Desinfektion des Sputums. Zeitschr. f. Med.-Beamte. 1903. S. 192.
72) Rose, P., Kleinere Abwasserkläranlagen. Deutsche Bauhütte 1911. Jahrg. 15. S. 58—62.
73) Roth, O. und A. Bertschinger, Ueber Fosses Mouras und ähnliche Einrichtungen zur Beseitigung der Abfallstoffe. Korr.-Blatt f. Schweiz. Aerzte. 1900. Jahrg. 30. Nr. 23. S. 729—744.
74) Salomon, H., Ueber Geruchsbelästigungen bei künstlichen biologischen Abwasserreinigungsanlagen. Leineweber. 1910.

75) Salomon, H., Abwässer-Lexikon. Bd. 1, 2 und 1. Ergänz.-Bd. Fischer. Jena.
76) Schiele, A., Neuartige Bau- und Betriebsweise einer biologischen Kläranlage in Skegness (Engl.) Wasser und Abwasser. Bd. 2. S. 49.
77) Schmidtmann, A., K. Thumm und C. Reichle, Beseitigung der Abwässer und ihres Schlammes. Handb. d. Hyg. Leipzig 1911. S. Hirzel.
78) Schrader, F. A., Klärgruben. Der Städtische Tiefbau. Jahrg. 2. S. 207.
79) Schulz, W., Kläranlage zur Reinigung der Abwässer einer Villenkolonie. Wasser- und Wegebau. 1912. No. 8.
80) Scott-Moncrieff, House drainage and sewage disposal. Vortrag. The Sanitary Record. 1909. p. 455, 486.
81) Sedgwick, W. T., The proposed desinfection of sewage at New Bedford, U. S. A. Eng. Rec. 1911. p. 269.
82) Shenton, H. C. H., The sterilisation of water and sewage effluents. Surveyor. 1910. Vol. 38. Suppl. p. 21.
83) Spaet, Fr., Ueber Hauskläranlagen mit besonderer Berücksichtigung des künstlichen biologischen Verfahrens. Deutsche Vierteljahrsschr. f. öffentl. Gesundheitspflege. 1910. Bd. 42. S. 689—731.
84) Thumm, K., Ueber Kläranlagen für Anstalten und für Einzelgebäude. Bericht über die VIII. Versammlung der Tuberkulose-Aerzte, Dresden, den 12. und 13. Juni 1911; ferner: Ueber die Beseitigung der flüssigen und festen Abgänge aus Anstalten und Einzelgebäuden. Vierteljahrsschr. f. ger. Med. u. öffentl. Sanitätsw. 1911. 3. Folge. S. 333.
85) Thumm, K., Städtereinigung. Verlag Internat. Hygiene-Ausstellung. Dresden 1911.
86) Wagler, O., Vorreiniger für Hauskläranlagen. Zeitschr. f. Stadthygiene. 1909. H. 4. S. 205.
87) Wäschereiabwässer, Behandlung. Intern. Wäscherei-Ztg. 1911. No. 43.
88) Watson, J. D., The drainage of a country house. Contract Journ. 1909. p. 1168.
89) Weder, R., Der Tiefbau in Städten und Ortschaften. Wiesbaden 1909.
90) Wilson, H. Maclean, Report upon sewage works for institutions, country houses, and small hamlets. Wakefield 1912.
91) Winslow, A. C. E., Unsolved problems of sewage disposal. Transactions of the Amer. Instit. of Chem. Eng. 1910. p. 385.
92) Wolfholz, Desinfektion von Abwässern aus Krankenanstalten. Ges.-Ing. 1908. S. 308.
93) Wolf, K., Hauskläranlagen. Gesundheit. 1910. Nr. 8.
94) Württemberg. Bei der Herstellung und dem Betrieb biologischer Abwasserreinigungsanlagen (Hauskläranlagen) zu beachtende Gesichtspunkte. Minist. d. Innern 21. 8. 08. Zeitschr. f. Med.-Beamte. 1908. Beil. 21. S. 189—192; ferner Vorschriften der Königl. Regierung des Donaukreises für die Herstellung und den Betrieb einer biologischen Abwasserreinigungsanlage vom März 1906.
95) Zeidler, B., Handbuch für Bau, Einrichtung, Betrieb und Verwaltung von Kranken- und Pflegeanstalten. Verlag Leineweber. Leipzig 1911.

Sach- und Namenregister.

(Die Zahlen bedeuten Seiten; die fettgedruckten Zahlen bedeuten Abbildungen.)

G.

H.

I.

K.

T.

U.

V.

W.

Z.

Druck von L. Schumacher in Berlin N. 4.